U0051762

Sy de enklaste och

finaste väskorna själv!

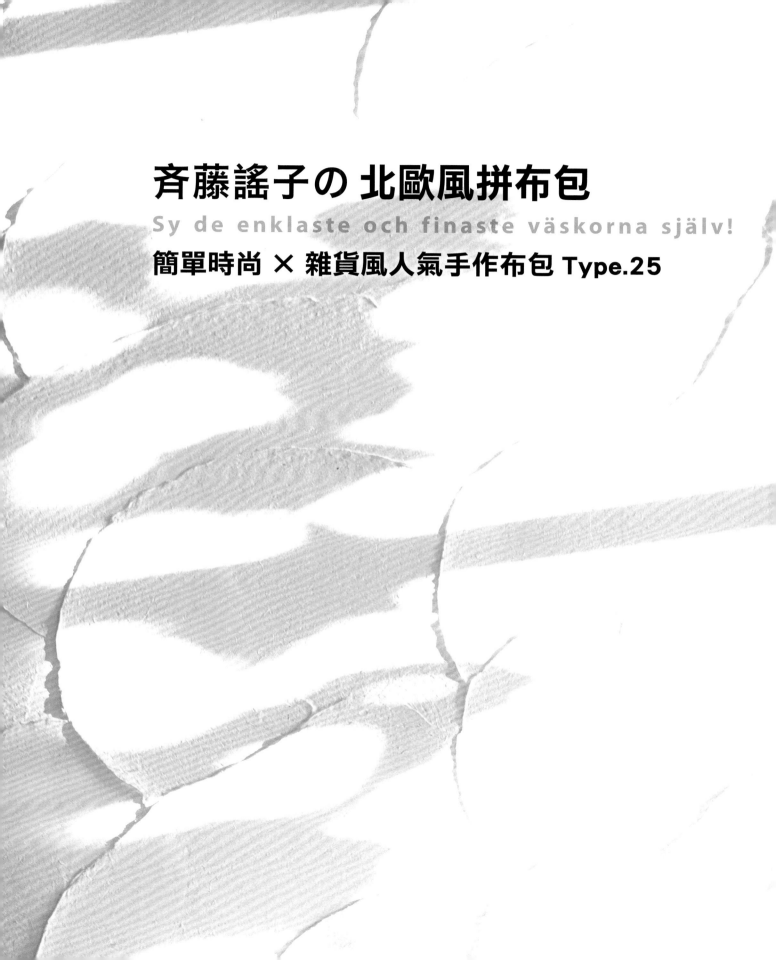

斉藤謠子の 北歐風拼布包

Sy de enklaste och finaste väskorna själv!

簡單時尚 × 雜貨風人氣手作布包 Type.25

目錄

前言

　　近幾年，我每年都會造訪北歐的瑞典。瑞典是個手工藝發達的國家，在編織、裁縫與紡織等方面，擁有許多優秀的作品與商品。

　　某年冬天，我在達拉那地區的一間手工印花布工坊，邂逅了令人驚豔的美麗布料。厚質棉布上色彩繽紛的植物與蜻蜓，看了一眼就愛不釋手，於是把它作成我的第一個布包，什麼物品都可以放進去，輕巧且可以帶著四處趴趴走，我在開始製作各式各樣的布包中，體會到這樣的樂趣。

　　這次介紹的作品，是一些特別實用、時尚，又容易製作的款式。我自己配色與構思圖案的原創布料，也在本書登場。布包講究輕柔、貼身，您可配合使用上的方便性，自行調整提把的長度及側邊的寬度。

　　希望大家可隨個人喜好變化各款作品，製作獨一無二的日用包，自由應用，正是布包最大的魅力！

斉藤謠子

布包の魅力

想作就作　　　立刻就能派上用場，是布包的迷人之處。配合季節與裝扮，選用喜愛的花色製作多個同款布包，也是樂趣之一，例如夏天的花紋棉布、冬天的羊毛格紋。想要改變尺寸，只要放大或縮小紙型即可，像是加寬肩帶變成郵差包、或是縮小變成能放入大包包中的化妝包。

自由挑選素材　　　拼布包是組合各式各樣的布片，以較為素雅的顏色統合色調，有時會變得過於強調包包本身。布包則不同，使用一片主布，可藉此捕捉住部分時尚元素。我平常不會在拼布上使用紅色及黃色等鮮艷色彩，但製作布包，可以從不同角度選色，實在令人感到開心，另外像是使用大花、彈性素材或尼龍布等拼布較少用到的素材，感覺也更加新鮮。

處處用心的設計　　　小巧提把搭配大大袋身的手提包、不會卡到手腕的肩背包、凸顯圓鼓蓬鬆翦影的褶子、展現俐落線條的包邊、防止變形的縫製技巧。還有兩端粗、正中間摺疊的好握提把、考量提握觸感而精挑細選的素材等等，處處可見用心細膩。

表布＆裡布　　　既然是親手縫製，除了表布，內裡製作也不容馬虎。表布及裡布的搭配重點在於，使用兩種不同的圖案，例如：圓點×條紋、花紋×格紋，先將布放在一起看看搭不搭，最好能呈現層次感，兩面使用時也可增添變化，包包的裡層顏色如果太深，較不容易找到小錢包或手機，所以我的布包都是挑選明亮色的裡布。

提把小巧玲瓏，袋身卻很大，兩側邊內縮摺入，裡布則以大人風的條紋麻布製作。

grå

✂ ---- **P.43**

P.10作品變化款。只是長度縮減、兩側邊不內摺，別有一番風味，適用於各種不同場合。

使用厚布製作，存在感十足的包包。不加裡布、組合簡單，利用褶子設計，使袋身鼓起更加有型。

看起來像是耳朵的提把環和木珠釦子，展露包包獨特的表情，雙面皆可使用，令人愛不釋手。

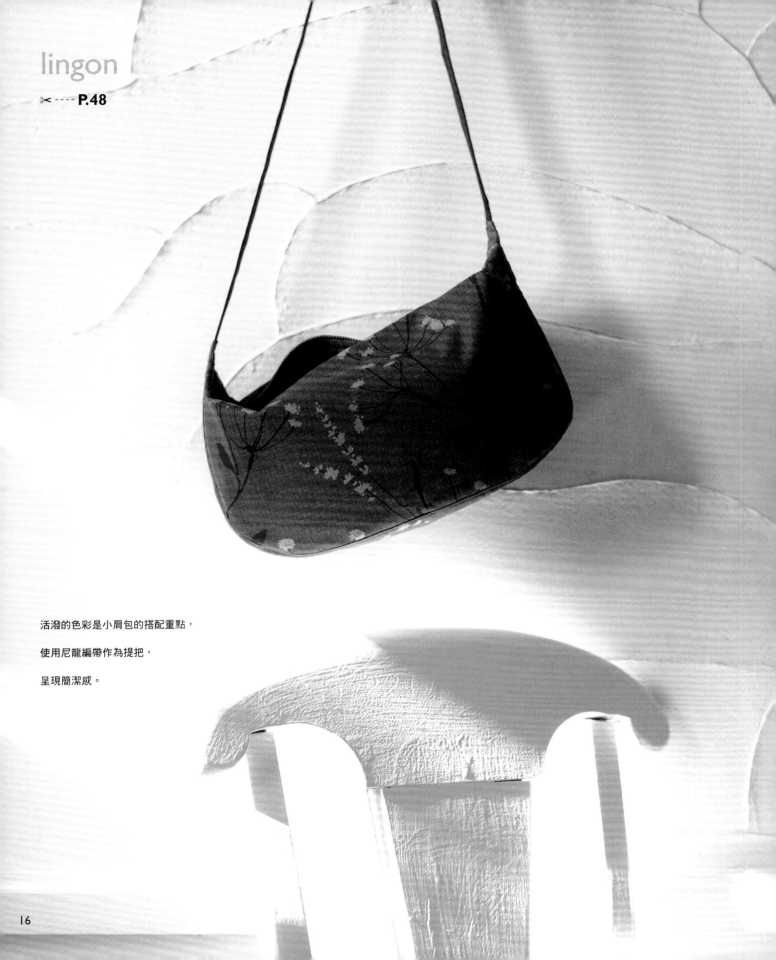

lingon

✂ ---- **P.48**

活潑的色彩是小肩包的搭配重點，

使用尼龍編帶作為提把，

呈現簡潔感。

16

袋身上側抓出較深褶子，
下側呈現自然的寬鬆感，
兩側及側邊以外圍滾邊的方式
強調線條感。

17

skog
✂---- **P.54**

與P.17作品同款，不同圖案的袋子。褶子愈多，愈能散發女性風采，精緻小巧的提把，時尚又迷人。

新月形包，新月是我喜歡的形狀。提把約為揹於肩上、夾在腋下的長度，P.16為應用款。

在四角形布袋縫上繩帶的簡約款式，是具有大容量的實用布包，斜背時露出的藍色布，特別搶眼。

pistage

✂ - - - - P.56

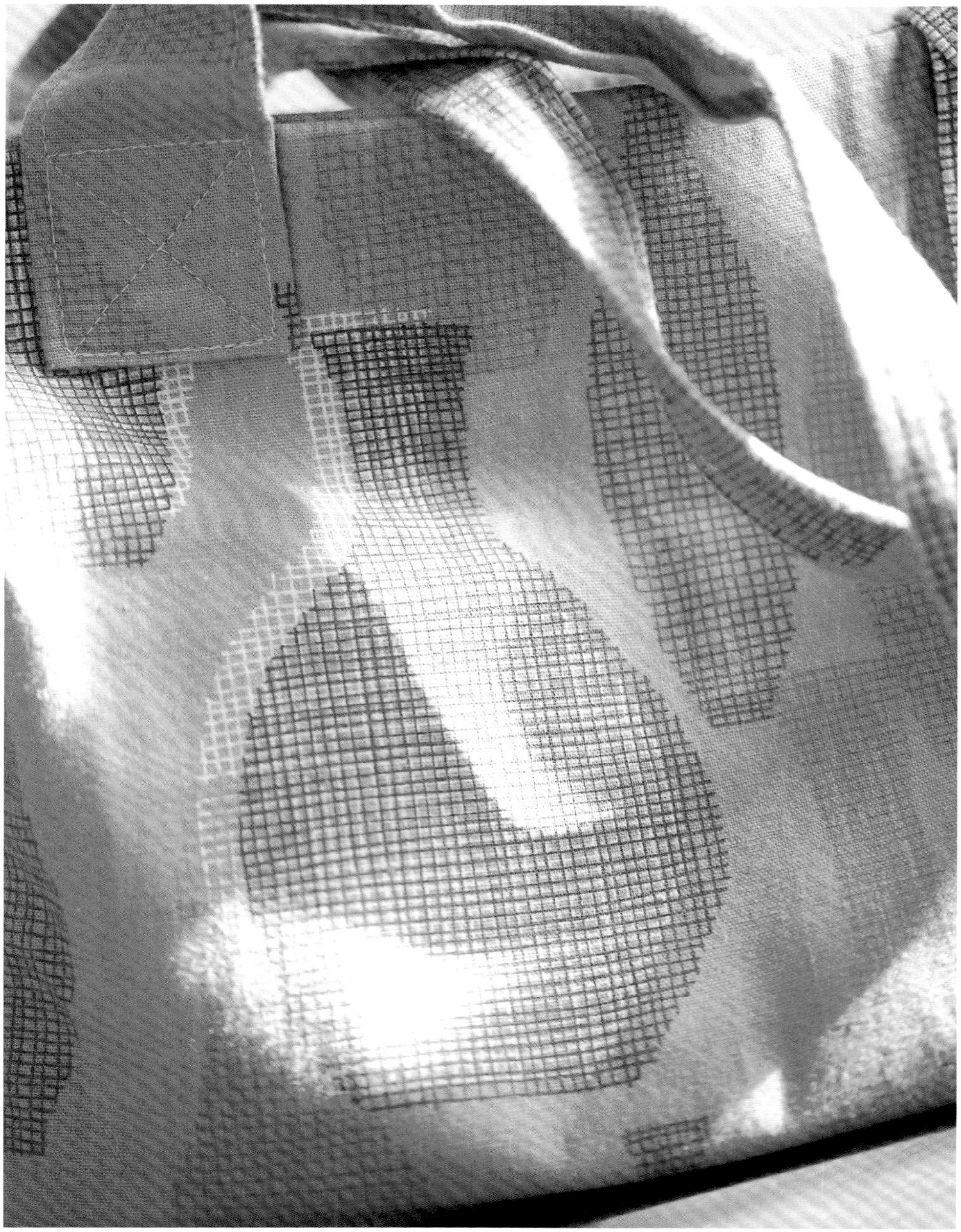

簡單的四角造型，散發優雅氣息，加裝上拉鍊的寬版側邊，取放方便，適合兩天一夜的旅行攜帶使用。

給人輕快印象，男女適用！黑色的包邊布增添視覺效果，大口袋及整個蓋住袋身的上袋蓋，擁有極佳的機能性。

有如個性化藝術品的三角線條，袋底不是一片布，而是經過仔細接縫，所以即使擺放於桌上，底部也十分平穩。

收納隨身小物的迷你包，一邊的表側附有口袋，以大地色製作，絕對是一款百搭的布包。

mjölk

✂---- P.66

以多細褶展現古典風味的一款布包，

上下拼接的兩片布採用同一色調，

是彰顯時尚感的訣竅。

kaffe

✂ - - - - **P.75**

袋口稍微縮小，由四枚布片拼接的柔和外型，

搭配觸感舒適的棉質提把，魅力十足。

picknick

✂--- **P.68**

用布量較大，

在中間處車縫大褶子的寬包，

特地將提把加寬營造平衡感。

broderi

✂ ---- **P.50**

穿入木頭提把的細褶，

形成蓬鬆的柔和線條，

可隱約看到裡層的格紋布。

citron

✂ - - - - **P.70**

本體及側邊分別製作完成後，再以作為提把的繩帶縫接，

增加布的強度，環繞的線條為製作設計重點。

款式同左頁作品，只是花色不同。布稍厚，質感及輪廓也隨之改變，將提把繩帶換成黑色，塑造同色系的形象。

彷彿可以感受到夏天強烈日照的絢麗顏色，掛在手腕的單提把包，雖是平面，線條卻美麗又迷人。

vinter

✂ ---- **P.58**

白雪覆蓋的廣潤森林，散發著神祕氣息，

內裡為同一色調，雙面皆可使用的時尚布包，

出門逛街時，請帶著它吧！

✂ ---- **P.72**

將短邊的提把穿過長邊，

就像是一顆球，本身就很有味道的麻布，

握在手中感覺好舒適，雙面皆可使用。

tomte

✂ ╌╌╌ **P.72**

左頁變化款。當兩個提把等長，

看起來更像是個藝術品，

帶著它走在路上，一定可以讓你吸引眾人目光！

bellis

✂ ---- **P.78**

尼龍材質的水桶包，最適合帶它到超市購物了！將袋口的繩子用力一拉就成了束口包，可牢牢保護袋子裡面的物品。

klöver

✂ - - - - **P.77**

尼龍環保包，

包底的側邊可輕鬆向內摺，

利用布紋作成的胸花，別在袋子上，

瞬間變身搶眼裝飾。

製作前の準備

只要家中備有可以直線車縫的縫紉機，
就能製作書中的所有作品。
縫製前請先參閱本頁所提示的重點。

- 單位＝cm。
- 布的尺寸以高×寬或布寬×高表示。

布

- 最近的布幾乎都不會褪色，所以不需先下水，但還是會先整理布紋。先將布噴濕，再撐開布，把歪斜的布紋重新調成直角狀，接著以熨斗沿著布紋壓平布面。

- 每個作品的作法都會附上裁布圖，將原寸紙型置於布的背面，以鉛筆描繪各配件及標上合印記號（參考原寸紙型）。

- 當布邊不平時，可向內縮1cm後再裁剪。
- 縫份為1cm，若是縫份要包覆起來，則加上1.5cm的縫份，容易綻線的布，可先多留些縫份，再裁成1cm寬。

縫法

- 使用50至60號的聚酯車縫線、9至11號的車縫針。
- 始縫及止縫都要進行回針縫。
- 車縫直線時，可先以珠針固定再縫，如果是配件重疊的較厚部分或圓弧位置，可先疏縫再車縫，在完成線的外側疏縫，不要與完成線重疊，這樣線才不會纏在一起，方便拆下疏縫線。

縫線

❶疏縫線
❷50至60號的聚酯車縫線
　使用接近布色的車縫線，猶豫不決時，就選顏色比較深的線製作。

布的各部位名稱

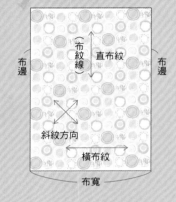

（布紋線）　直布紋
布邊　　　　　　　　布邊
斜紋方向
橫布紋
布寬

工具

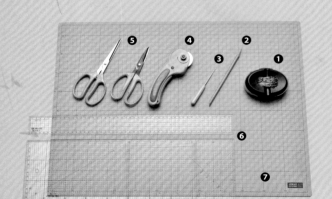

❶縫針・珠針・疏縫針
❷鉛筆（2B）
　用於在布上描繪紙型或是作記號，若布色太深，看不出鉛筆線，可改用印記筆。
❸錐子（目打）
　用於包覆縫份或整理包包的邊角。
❹切割輪刀
　用於工整漂亮的裁剪布片，若備有此工具，製作時會更加方便。
❺紙用剪刀及布用剪刀
　依據裁切素材使用剪刀，可以用得較久。
❻尺
　方眼尺是好用的工具，使用切割輪刀時，若備有寬版尺，製作時會更加方便。
❼裁切墊
　用於以切割輪刀裁布。

作品 P.10 karamell

完成尺寸

長 38 cm・寬 43 cm・底寬 12 cm

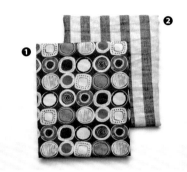

❶ ❷

材料

棉布　印花…110cm寬　　55cm
　（本體表布　提把表布）
麻布　條紋…110cm寬　60cm
　（本體裡布・提把裡布）

重點

車縫時，始縫及止縫皆進行回針縫。

裁布圖

表布（印花棉布）

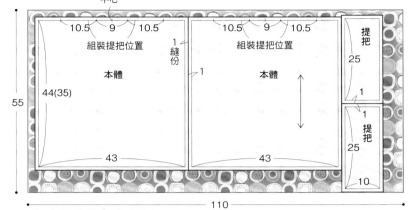

中心

10.5　9　10.5　　　　10.5　9　10.5

組裝提把位置　　　　　組裝提把位置

1縫份

本體　　　　　　　本體

1

44(35)

55

43　　　　　　　　　43

提把　25　1

提把　25

10

110

*（　）內是P.12「grå」的尺寸。
「grå」表布（印花）及裡布（印花）的裁法相同。

裡布（條紋麻布）　　　*裡布不使用條紋布時，裁布圖同表布。

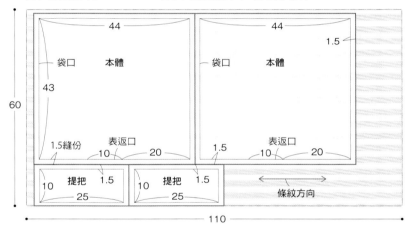

44　　　　　　　44　　1.5

袋口　本體　　　　袋口　本體

43

60

1.5縫份　　表返口　　　　　　表返口

10　　20　　1.5　　10　　20

提把　1.5　　提把　1.5

10　　　　10

25　　　　25

條紋方向

110

1　裁布

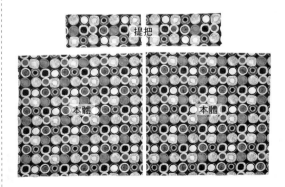

提把

本體　　本體

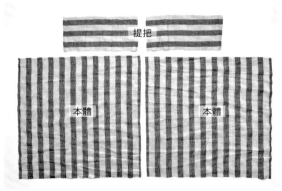

提把

本體　　本體

參考上面的裁布圖，各自裁剪兩片表布（印花）本體、裡布（條紋）本體及提把。

※麻布容易綻線，裁剪時加上1.5cm縫份。不易綻線的布只加1cm縫份。

2 縫製提把

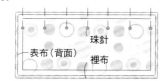

表布（背面）
裡布
珠針

回針縫
裡布
表布（背面）
車縫
回針縫

1 表布與裡布正面相對，邊緣先以珠針固定，車縫一端至另一端。相反側的作法相同，裡布的縫份對齊表布剪成1cm寬，以相同作法縫製另一片。

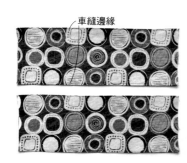

車縫邊緣

1　　　1
車縫邊緣
裡布側
組裝
提把位置
4　　　4
10

2 步驟1的上下側縫份倒向表布側，以熨斗壓平，翻回正面，以熨斗整型。左右側以珠針固定，再壓縫（車縫邊緣）上下側，接著在裡布側加上組裝提把位置的記號。

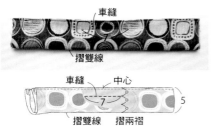

車縫
摺雙線
車縫　中心
7
摺雙線　摺兩褶
5

3 提把背面相對摺兩褶，以珠針固定。寬度分成3等分，在距上側1/3寬的中間7cm處，以記號筆畫上車縫線，疏縫後車縫，再拆掉疏縫線。

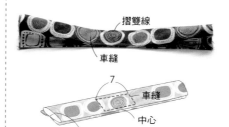

摺雙線
車縫

7
車縫
中心
以摺山的摺雙線為中心摺出褶子

4 將3的位置當成中心，如褶子般摺疊，疏縫後車縫。

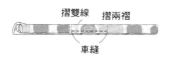

摺雙線　摺兩褶
車縫

5 將4再對摺，下側先疏縫再車縫，完成提把。
※布重疊會變厚，所以改用14號的粗針慢慢車縫。

3 車縫本體

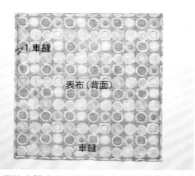

1 車縫
表布（背面）
車縫

1 兩片本體表布正面相對，在側邊及袋底以珠針固定，從側邊車縫到袋底。

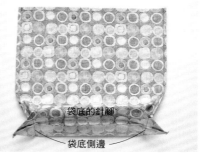

袋底的針腳
袋底側邊

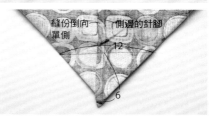

縫份倒向單側
側邊的針腳
12
6

2 對齊側邊的針腳及袋底的針腳，將袋底角摺成三角形。縫份倒向單側，在尖端向內6cm處畫上一條12cm寬的側邊車縫線，疏縫後車縫側邊，相反側的側邊及袋底也依同樣作法車縫出側邊，製成表袋。

10 返口
20
車縫

3 體兩片本體裡布正面相對，以珠針固定，預留表布返口，車縫側邊及袋底，縫份剪至1cm。

12
車縫袋底側邊

4 依照表布作法車縫袋底側邊，縫份倒向與表布相反側的單邊，製成裡袋。

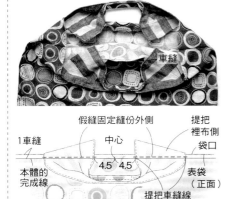

假縫固定縫份外側　提把裡布側袋口
中心
1車縫
4.5　4.5
本體的完成線
提把車縫線
表袋（正面）

1 表袋翻回正面。提把正面相對，對齊表袋袋口的完成線與提把的車縫線，在組裝提把的位置（參考P.41裁布圖）以珠針固定。疏縫後，再假縫縫份的外側。

1車縫
裡袋（背面）
表袋（背面）

2 表袋翻至背面。裡袋套入表袋內，正面相對，對齊袋口的完成線以珠針固定，疏縫再車縫完成線一圈。

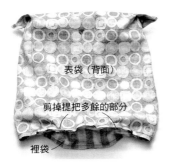

表袋（背面）
剪掉提把多餘的部分
裡袋

3 將從本體袋口縫份露出的提把多餘部分，對齊袋口後剪掉。

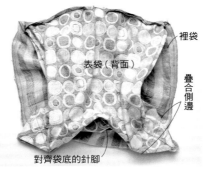

裡袋
表袋（背面）
疊合側邊
對齊袋底的針腳

4 對齊表袋及裡袋的袋底針腳，再與側邊的針腳重疊，以珠針固定疏縫。
※翻回正面，確認裡袋沒有擰轉後，再綴縫表裡的側邊。

車縫

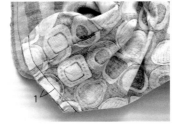

1

5 在側邊的針腳上車縫，這樣在翻回正面時，裡袋就不會掉出外面，在距針腳向外1cm處剪去側邊前端的多餘部分，相反側的側邊作法相同。

6 從裡袋的返口拉出裡袋及表袋，翻回正面。

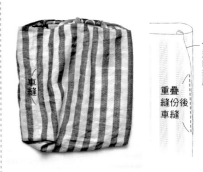

車縫
側邊的針腳
重疊縫份後車縫

7 整型，重疊返口的縫份後車縫。

8 表袋翻回正面後整型，袋口以珠針固定，再以車縫邊緣方式車縫袋口一圈，以熨斗整燙後即完成。

作品 P.12 　grå

裁布圖請參考P.41。
完成尺寸
長29cm・寬43cm・底寬12cm

材料
棉布　印花（兩種圖案）…各110cm寬　55cm
（本體表布・裡布・提把表布・裡布）

製作重點
作法與P.10「karamell」相同，只是將本體縮短。

måne

原寸紙型A面。
完成尺寸
長23cm·寬35cm·底寬９cm

材料
❶棉布　印花…110cm寬　46cm
（本體表布·側邊表布·提把表布·裡布）
❷棉布　條紋…110cm寬　38cm
（本體裡布·側邊裡布·內口袋·D型環吊耳布）
❸拉鍊　灰色…長33cm　1條
❹D型環…內徑18mm×13mm　1個
❺串珠　藍色…長1.8cm　2個
❻串珠　紅色…直徑0.5cm　2個
❼蠟線　灰色…長20cm

裁布圖

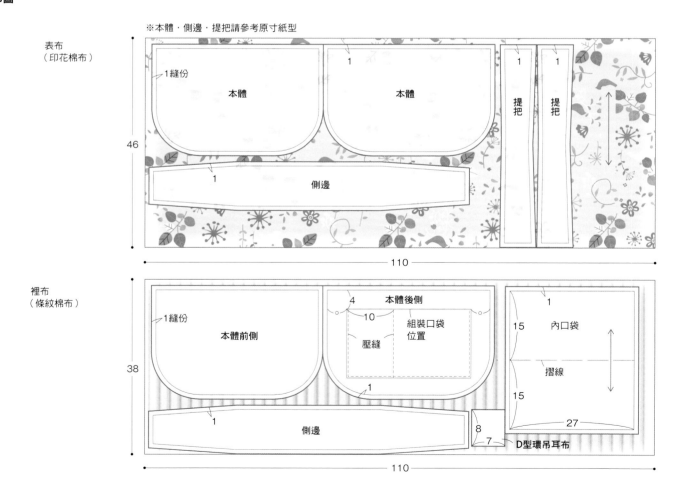

1 | 裁剪各配件

※參考原寸紙型，使用厚紙製作本體、側邊及提把。

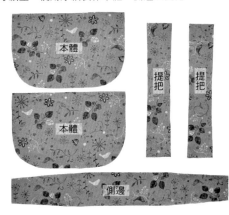
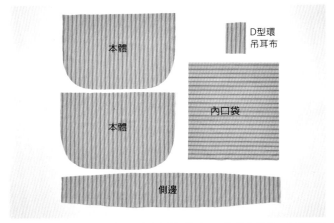

1 配合印花裁剪表布。參考P.44裁布圖，在本體·側邊·提把的紙型加上1cm的縫份後，裁剪圖示的片數。

2 裁剪條紋裡布。本體及側邊是在紙型加上1cm縫份後裁剪，內口袋及D型環吊耳布則依裁布圖的尺寸裁剪。

2 | 車縫內口袋

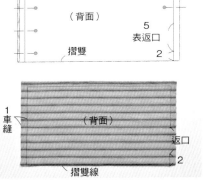

1 內口袋布正面相對摺兩摺，以熨斗燙平，以珠針固定、預留返口及1cm縫份後，車縫三邊，始縫及止縫都進行回針縫。

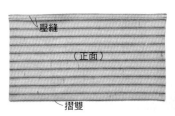

2 自返口翻回正面，以熨斗整型後，在袋口進行壓縫。

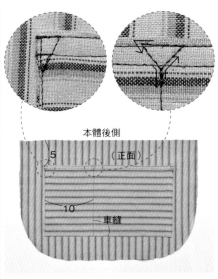

3 置於本體裡布後側的正面（位置請參考P.44裁布圖）疏縫固定。留下口袋袋口後車縫四周，始縫及止縫都呈三角形，防止綻線，接著車縫左側向內10cm處，口袋袋口也車縫成三角形。

3 | 在本體加裝拉錬

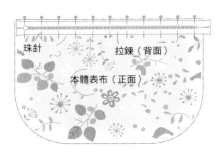

1 將拉錬正面相對疊在本體表布表側的袋口，以珠針固定。

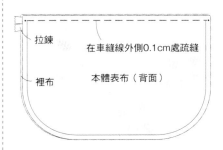

2 在1的本體夾入拉錬，與本體裡布正面重疊，以珠針固定在袋口。在車縫線外側0.1cm處疏縫，取下珠針。

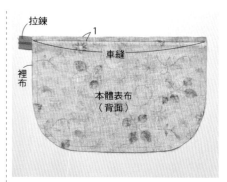

3 沿著2的袋口完成線，由一端車縫邊緣至另一端，取下疏縫線。

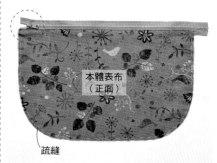

4 本體裡布翻回正面，以熨斗整型，與本體表布背面重疊，在袋口疏縫，再進行車縫邊緣，本體表布與裡布保持重疊，疏縫四周，以防變形。

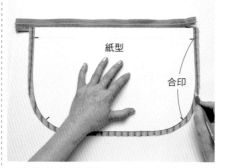

5 紙型對齊本體裡布側的中心點後放上，描出輪廓（完成線）及合印。

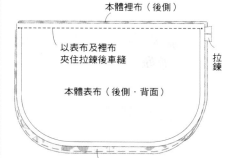

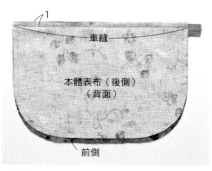

6 拉鍊相反側的一端以本體表布及裡布夾住，同步驟1至3車縫完成線。

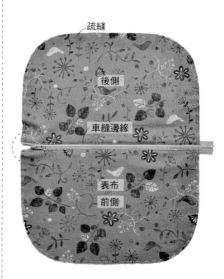

7 本體表布翻回正面，與本體裡布背面相對疊上，在袋口車縫邊緣，疏縫表布及裡布四周，以防變形。

8 紙型放置本體後側布上，描出輪廓線及合印（同步驟5）。

4 本體縫上側邊

※縫合本體與側邊時，袋口的拉鍊可拉開至一半的位置。

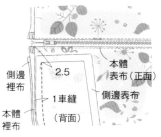

1 本體表布及側邊表布正面相疊，依中心（紙型×的位置）、組裝側邊位置（△）、合印位置（○）的順序插上珠針，接著再間隔插上珠針加以固定（此處不疏縫也OK），側邊裡布與本體裡布正面相對疊合，依照表布的要領以珠針固定，先疏縫，再車縫兩合印間。

46

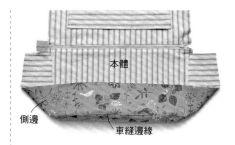

2 側邊翻回正面，以熨斗整型，沿著針腳車縫邊緣。

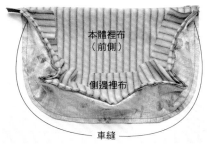

3 側邊表布相反側的一邊和本體後側正面相對疊合，車縫兩印記間，側邊裡布不縫。

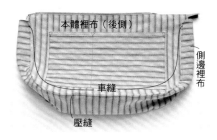

4 3未車縫的側邊裡布的縫份向內摺，與本體裡布的完成線重疊後疏縫，車縫完成線稍向內側處，直到印記為止，將側邊縫接到本體。

5 | 組裝提把，加上裝飾

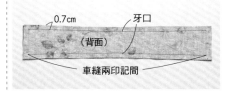

1 兩片提把布正面相對疊合，車縫兩側的兩印記間。縫份剪至0.7cm，位於中心的縫份剪淺淺的牙口。

2 翻回正面，以熨斗整型，兩端的縫份向內摺入1cm。

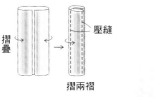

3 如圖所示縫製吊耳布。夾入D型環，車縫向下0.6cm處加以固定。

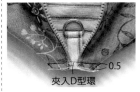

4 本體是將拉鍊調至中央位置，如照片般摺疊袋口，車縫右端向內0.5cm處加以固定，左端是將3的吊耳布夾入中央後車縫固定。

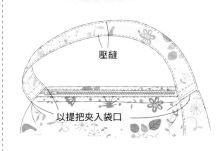

5 以提把的兩端夾入本體袋口的兩端後疏縫，從夾入袋口的位置開始車縫，再依提把端、夾入袋口部分、相反側提把端的順序車縫。

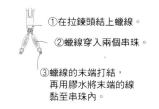

①在拉鍊頭結上蠟線。

②蠟線穿入兩個串珠。

③蠟線的末端打結，再用膠水將末端的線黏至串珠內。

6 將串珠裝至拉鍊頭後，即完成。

本體・側邊原寸紙型A面。
完成尺寸
長23cm・寬35cm・底寬9cm

材料
棉布　印花…110cm寬　45cm
　（本體表布・側邊表布・提把襠布）
棉布　格紋…110cm寬　38cm
　（本體裡布・側邊裡布・內口袋）
拉鍊　紅色…長33cm　1條
提把布條　黑色…4cm　寬100cm
布襯（中厚）40cm×80cm

作法
1 參考裁布圖裁剪表布及裡布的各配件，以
　熨斗將布襯燙貼至裡布的本體及側邊。
2 本體及側邊的縫法同P.46的「måne」，
　但提把改用尼龍編帶，組裝方法請參考下
　圖。

裁布圖　　※本體・側邊請參考原寸紙型

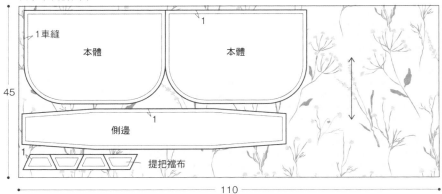

表布（印花棉布）

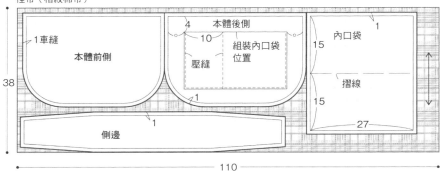

裡布（格紋棉布）

※本體前側・後側・側邊，依照紙型裁剪

提把襠布原寸紙型

組裝提把　　　　　　　　　　**完成圖**

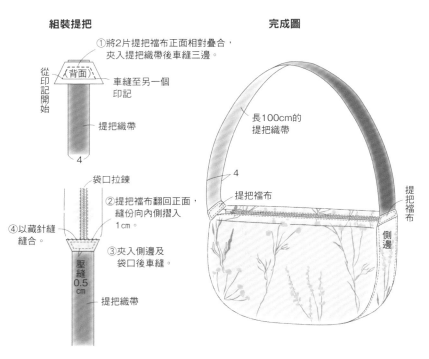

①將2片提把襠布正面相對疊合，
　夾入提把織帶後車縫三邊。

②提把襠布翻回正面，
　縫份向內側摺入
　1cm。

③夾入側邊及
　袋口後車縫。

④以藏針縫
　縫合。

blå

原寸紙型A面。
完成尺寸
長34cm・寬33cm・底寬12cm

材料
厚棉布　印花…50cm×90cm（本體）
織帶　灰色…2.5cm寬　130cm

作法
參考裁布圖裁剪本體，再依圖示縫製包包。

裁布圖　＊本體請參考原寸紙型

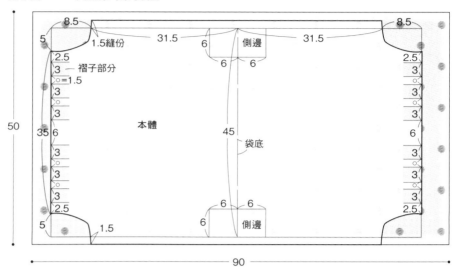

8.5
5
1.5縫份
2.5
3 ─ 褶子部分
○＝1.5
3
3
3
35 6
3
3
3
3
2.5
5
1.5
31.5
6　側邊
6　6
45　袋底
6　6
6　側邊
31.5
8.5
2.5
3
3
3
6
3
3
2.5
本體
50
90

---

1 車縫本體

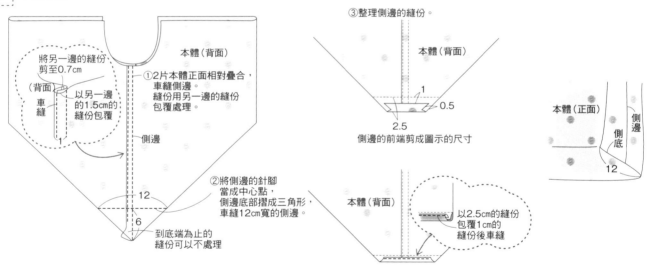

將另一邊的縫份剪至0.7cm
（背面）車縫
以另一邊的1.5cm的縫份包覆
1
本體（背面）
①2片本體正面相對疊合，車縫側邊。縫份用另一邊的縫份包覆處理。
側邊
②將側邊的針腳當成中心點，側邊底部摺成三角形，車縫12cm寬的側邊。
12
6
到底端為止的縫份可以不處理

③整理側邊的縫份。
本體（背面）
1
0.5
2.5
側邊的前端剪成圖示的尺寸

本體（正面）
側邊
側底
12

本體（背面）
以2.5cm的縫份包覆1cm的縫份後車縫

---

2 四周以織帶包邊

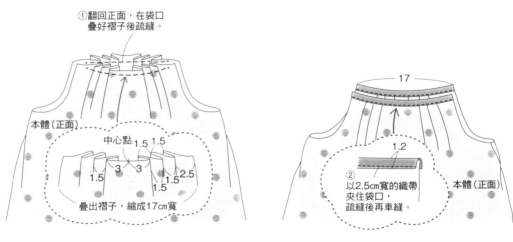

①翻回正面，在袋口疊好褶子後疏縫。
本體（正面）
中心點　1.5 1.5
3　3
1.5　2.5
1.5
疊出褶子，縮成17cm寬

17
本體（正面）
1.2
②
以2.5cm寬的織帶夾住袋口，疏縫後再車縫。

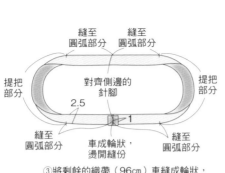

縫至
圓弧部分　　圓弧部分
縫至

提把
部分

對齊側邊的
針腳

提把
部分

2.5

縫至
圓弧部分

1

縫至
圓弧部分

車成輪狀，
燙開縫份

③將剩餘的織帶（96cm）車縫成輪狀，
　在縫至側邊位置及圓弧位置的部分
　作上記號。

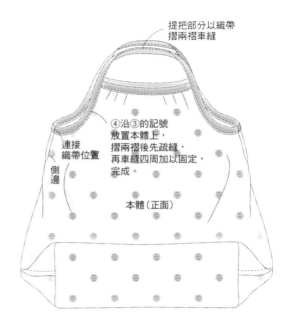

提把部分以織帶
摺兩褶車縫

連接
織帶位置

側
邊

④沿③的記號
放置本體上，
摺兩褶後先疏縫，
再車縫四周加以固定，
完成。

本體（正面）

作品**P.31** broderi

原寸紙型B面。
完成尺寸
長約26.5cm

材料
棉布　刺繡圖案…70cm×66cm（本體表布）
棉布　格紋…70cm×66cm（本體裡布）
提把（木製）…1組

作法
參考裁布圖裁布，再依圖示縫製包包。

裁布圖
＊本體部分請參考
　原寸紙型

表布（刺繡圖案棉布）

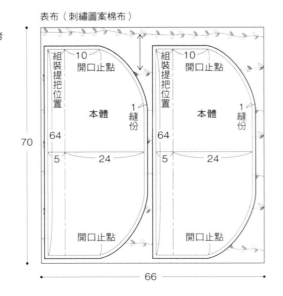

組裝提把位置　10　開口止點

本體

1
縫份

組裝提把位置　10　開口止點

本體

1
縫份

70

64

5　　24

開口止點　　開口止點

66

裡布（格紋棉布）

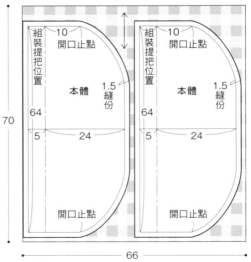

組裝提把位置　10　開口止點

本體

1.5
縫份

組裝提把位置　10　開口止點

本體

1.5
縫份

70

64

5　　24

開口止點　　開口止點

66

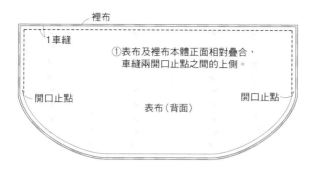

裡布
1車縫

①表布及裡布本體正面相對疊合，
車縫兩開口止點之間的上側。

開口止點　　　　　　　　　開口止點

表布（背面）

②裡布的縫份對齊表布，剪至1cm，
　再翻回正面，以相同作法再縫製另一片。

表布
（正面）

裡布

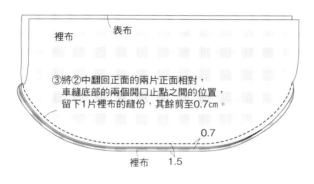

表布
裡布

③將②中翻回正面的兩片正面相對，
　車縫底部的兩個開口止點之間的位置，
　留下1片裡布的縫份，其餘剪至0.7cm。

0.7

裡布　1.5

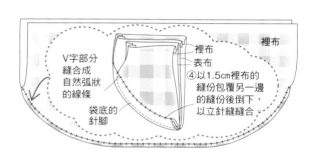

裡布

V字部分
縫合成
自然弧狀
的線條

裡布
表布

④以1.5cm裡布的
　縫份包覆另一邊
　的縫份後倒下，
　以立針縫縫合。

袋底的
針腳

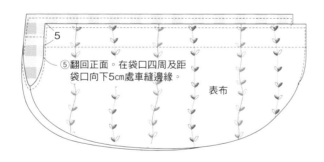

5

⑤翻回正面。在袋口四周及距
　袋口向下5cm處車縫邊緣。

表布

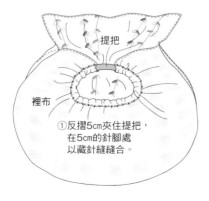

提把

裡布

①反摺5cm夾住提把，
　在5cm的針腳處
　以藏針縫縫合。

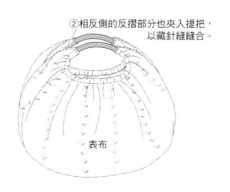

②相反側的反摺部分也夾入提把，
　以藏針縫縫合。

表布

ränder och prickar

本體・袋底請參考原寸紙型A面。

完成尺寸
長（前中央）25cm・寬約18cm・
側邊寬（袋底）10.5cm

材料
麻布　條紋…55cm×53cm（本體表布・袋底表布）
棉布　印花…110cm寬　35cm
（本體裡布・袋底裡布・斜布條）
提把織帶…3cm寬　40cm長　2條
蠟線　細…長20cm　2條
串珠　黑…直徑1.8cm　1個

作法
參考裁布圖裁布，再依圖示縫製包包。

裁布圖
＊本體・袋底請參考原寸紙型
＊表布請在橫紋布上，縱向裁剪本體。

表布（條紋麻布）

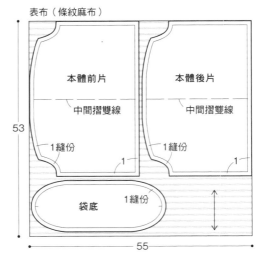

本體前片
中間摺雙線
1縫份
1

本體後片
中間摺雙線
1縫份
1

袋底
1縫份

53

55

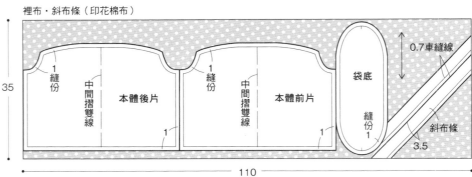

裡布・斜布條（印花棉布）

35

1縫份
中間摺雙線
本體後片
1

1縫份
中間摺雙線
本體前片
1

袋底
縫份
1

0.7車縫線

斜布條
3.5

110

1　縫製本體

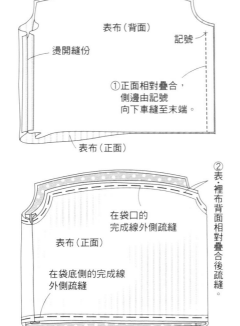

表布（背面）

記號

燙開縫份

①正面相對疊合，
側邊由記號
向下車縫至末端。

表布（正面）

在袋口的
完成線外側疏縫

表布（正面）

在袋底側的完成線
外側疏縫

②表・裡布背面相對疊合後疏縫。

2　車縫袋口的褶子

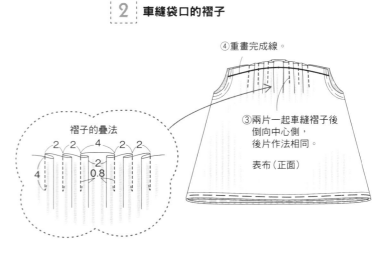

④重畫完成線。

褶子的疊法
2　2　4　2　2
2
4　0.8

③兩片一起車縫褶子後
倒向中心側，
後片作法相同。

表布（正面）

52

3 | 夾入扣環，袋口滾邊

①以斜布條包住兩記號間進行滾邊，
在中心點夾入線環。

0.7

裡布後片

②相反側也以斜布條滾邊，
夾入穿入串珠的線環。

0.7

串珠

裡布前片

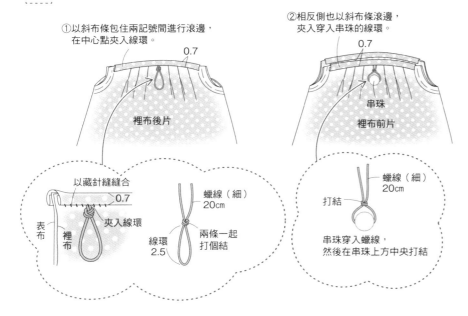

以藏針縫縫合
0.7

表布　裡布

夾入線環

蠟線（細）
20cm

線環
2.5

兩條一起
打個結

打結

蠟線（細）
20cm

串珠穿入蠟線，
然後在串珠上方中央打結

4 | 袋底表布與袋底裡布縫至本體

①袋底表布與本體正面相對車縫。

表底（背面）

本體
裡布（正面）

②在縫份
進行平針縫。

③抽拉平針縫的縫線，縫份倒向底部。

表底（背面）

本體
裡布（正面）

④在裡底的縫份進行平針縫。

紙型

0.7

⑤紙型放置裡底的背面，
抽拉平針縫的縫線倒向內側，
作得比紙型稍大，取下紙型。

裡底（正面）

⑥
為了蓋住①的針腳，
將⑤的裡底背面
疊上後疏縫。

裡布（正面）

表底（正面）

0.2

⑦翻回正面，在0.2cm內側車縫邊緣。

本體表布（正面）

5 | 組裝提把

3

①40cm長的提把織帶縫成輪狀，
燙開縫份。

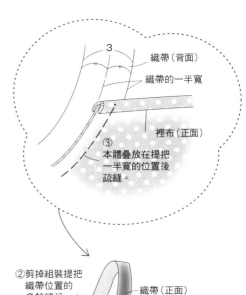

3

織帶（背面）

織帶的一半寬

裡布（正面）

③
本體疊放在提把
一半寬的位置後
疏縫。

②剪掉組裝提把
織帶位置的
多餘縫份。

織帶（正面）

④車縫織帶邊。

側邊

表布（正面）

⑤織帶背面的一邊留寬一點，
摺兩褶後車縫四周，
相反側的作法相同。

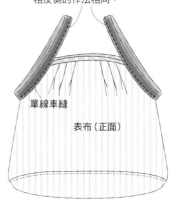

單線車縫

表布（正面）

完成尺寸

長36cm・寬28cm・底寬12cm

材料

棉布　印花…46cm×100cm（本體表布）
棉布　格紋A…46cm×100cm（本體裡布）
棉布　格紋B…110cm寬　15cm
（提把・側邊・底部的包邊布）
布襯（中厚）…8cm×29cm

作法

參考裁布圖裁布，再依圖示縫製包包。
P.18「skog」是在本體上摺疊14條褶子（本
體的尺寸＝42cm×35cm，加上1cm的縫份）。
本體褶子的尺寸與作法請參考下圖。

裁布圖　＊考量本體的縱向圖案裁剪表布。

表布（印花棉布）、裡布（棉布格紋A）

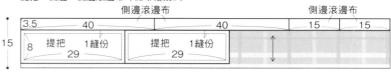

中央　7.5　7.5
1縫份　組裝提把位置
42　本體前片
46
46

中央　7.5　7.5
1　組裝提把位置
本體後側
1.5　46

100

提把・側邊・側邊滾邊布（棉布格紋B）

側邊滾邊布　　側邊滾邊布
3.5　40　　40　　15　　15
15　8　提把　1縫份　提把　1縫份
29　　29
110

＊準備兩片提把用的4cm×29cm中厚布襯
＊側邊包邊布是在距端邊向內0.7cm處畫線

1　車縫本體，製成袋狀

1.5　中央
3　=2　3
6
褶子位置
車縫褶子長度
（正面）

①在本體表布的前側及後側表布摺疊褶子的位置，
以記號筆作上記號。

1縫份

②本體表布及裡布正面相對疊合，
在1cm的縫份上車縫袋口。
翻回正面，車縫邊緣。

本體表布（正面）
裡布

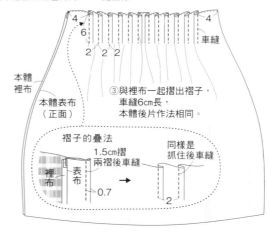

4　　4
6
2　2　2　車縫

本體裡布
本體表布（正面）

③與裡布一起摺出褶子，
車縫6cm長，
本體後片作法相同。

褶子的疊法
1.5cm摺兩褶後車縫
同樣是抓住後車縫
裡布　表布
0.7
2

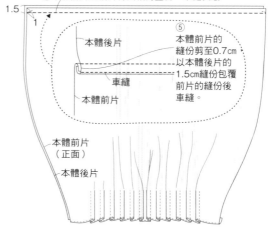

④本體前片及後片背面相對疊合，車縫袋底。

1.5
1
本體後片
⑤本體前片的縫份剪至0.7cm，以本體後片的1.5cm縫份包覆前片的縫份後車縫。
車縫
本體前片
本體前片（正面）
本體後片

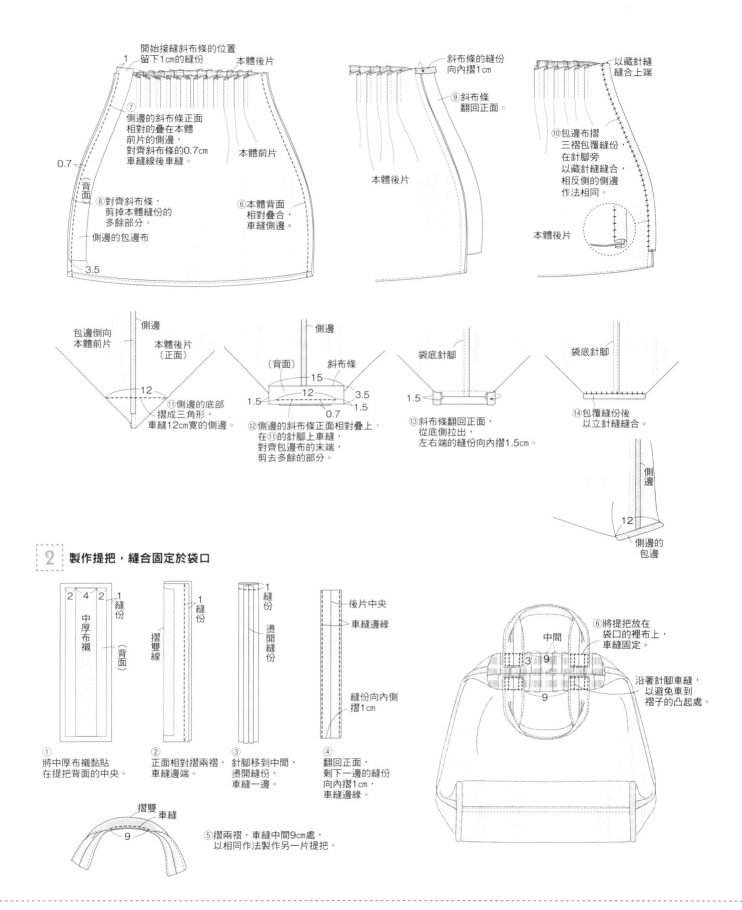

開始接縫斜布條的位置
留下1cm的縫份
本體後片
1

⑦側邊的斜布條正面相對的疊在本體前片的側邊，對齊斜布條的0.7cm車縫線後車縫。

0.7

（背面）

本體前片

⑧對齊斜布條，剪掉本體縫份的多餘部分。

側邊的包邊布

3.5

⑥本體背面相對疊合，車縫側邊。

斜布條的縫份向內摺1cm

⑨斜布條翻回正面。

本體後片

以藏針縫縫合上端

⑩包邊布摺三褶包覆縫份，在針腳旁以藏針縫縫合，相反側的側邊作法相同。

本體後片

包邊倒向本體前片

側邊

本體後片（正面）

12

⑪側邊的底部摺成三角形，車縫12cm寬的側邊。

側邊

（背面）

斜布條

15

1.5

12

3.5

0.7

1.5

⑫側邊的斜布條正面相對疊上，在⑪的針腳上車縫，對齊包邊布的末端，剪去多餘的部分。

袋底針腳

1.5

⑬斜布條翻回正面，從底側拉出，左右端的縫份向內摺1.5cm。

袋底針腳

⑭包覆縫份後以立針縫縫合。

側邊

12

側邊的包邊

2　製作提把，縫合固定於袋口

2 4 2
1
縫份

中厚布襯
（背面）

①將中厚布襯黏貼在提把背面的中央。

摺雙線

1
縫份

②正面相對摺兩褶，車縫邊端。

1
縫份

燙開縫份

③針腳移到中間，燙開縫份，車縫一邊。

後片中央

車縫邊緣

縫份向內側摺1cm

④翻回正面，剩下一邊的縫份向內摺1cm，車縫邊緣。

摺雙
車縫
9

⑤摺兩褶，車縫中間9cm處，以相同作法製作另一片提把。

中間

3 9

9

⑥將提把放在袋口的裡布上，車縫固定。

沿著針腳車縫，以避免車到褶子的凸起處。

pistage

原寸紙型A面。

完成尺寸
長（前中央）26cm・寬約34cm・
側邊（袋底）15cm

材料
棉布　印花A…110cm寬　75cm
（本體表布・底側邊表布・口布表布・扣絆）
棉布　印花B…110cm寬　70cm（本體裡布・
底側邊裡布・口布裡布・口袋AB・斜布條）
拉鍊…長50cm　1條
布襯（中厚）…50cm×100cm

作法
參考裁布圖裁布，再依圖示縫製包包。

裁布圖　＊本體請參考原寸紙型

表布（印花棉布A）

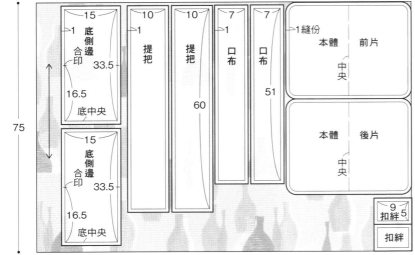

裡布（印花棉布B）　▨表示黏貼中厚布襯

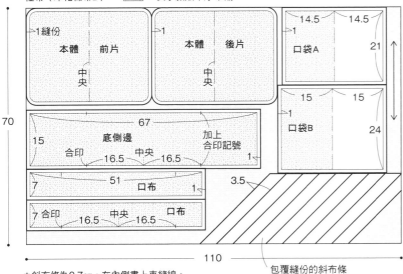

＊斜布條為0.7cm。在內側畫上車縫線。
＊裡布的本體・底側邊・口布・口袋A・B如裁布圖裁剪中厚布襯。
包覆縫份的斜布條

1　製作口袋

＊在口袋A・B的裡布背面黏貼
中厚布襯。

①正面疊合車縫。
留下不縫　口袋A（背面）　中厚接着しん
1　摺雙
②翻回正面。

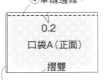

④車縫邊緣。
0.2　口袋A（正面）
摺雙
③縫份摺向內側。
⑤口袋B依相同作法摺疊。

2　將口袋縫至裡布，與表布背面相對

＊在本體裡布的背面黏貼中厚布襯

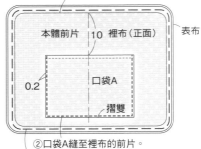

①在本體前片的裡布（正面）加上完成線的記號。
本體前片　10　裡布（正面）　表布
0.2　口袋A　摺雙
②口袋A縫至裡布的前片。
③與本體表布背面相對後車縫。

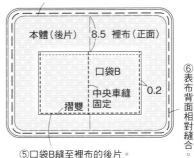

④在本體後片的裡布（正面）加上完成線的記號。
本體（後片）　8.5　裡布（正面）
口袋B　0.2
中央車縫固定　摺雙
⑤口袋B縫至裡布的後片。
⑥表布背面相對縫合。

3 縫製扣絆

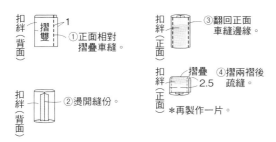

扣絆（背面） 摺雙 1
①正面相對摺疊車縫。

扣絆（背面）
②燙開縫份。

扣絆（正面）
③翻回正面車縫邊緣。

扣絆（正面） 摺疊 2.5
④摺兩摺後疏縫。
＊再製作一片。

4 在口布加裝拉鍊

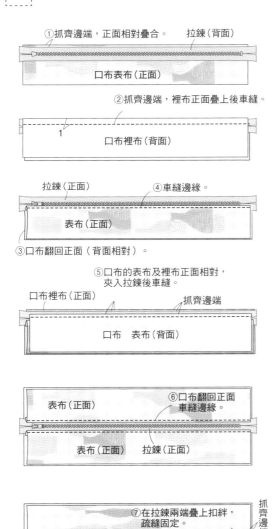

①抓齊邊端，正面相對疊合。　拉鍊（背面）
口布表布（正面）
②抓齊邊端，裡布正面疊上後車縫。

口布裡布（背面） 1

拉鍊（正面）　④車縫邊緣。
表布（正面）
③口布翻回正面（背面相對）。

⑤口布的表布及裡布正面相對，夾入拉鍊後車縫。
口布裡布（正面）　抓齊邊端
口布　表布（背面）

表布（正面）　⑥口布翻回正面車縫邊緣。
表布（正面）　拉鍊（正面）

⑦在拉鍊兩端疊上扣絆，疏縫固定。　抓齊邊端
口布（正面）　摺雙　扣絆

5 縫接口布及底側邊

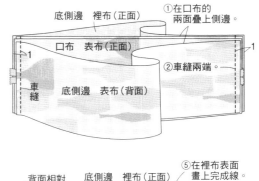

底側邊　裡布（正面）　①在口布的兩面疊上側邊
口布　表布（正面）
1　②車縫兩端。　1
車縫
底側邊　表布（背面）

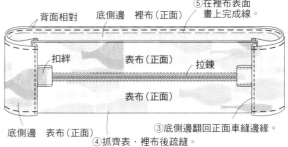

背面相對　底側邊　裡布（正面）　⑤在裡布表面畫上完成線。
扣絆　表布（正面）　拉鍊
表布（正面）
底側邊　表布（正面）　③底側邊翻回正面車縫邊緣。
④抓齊表・裡布後疏縫。

6 將口布及底側邊縫至本體

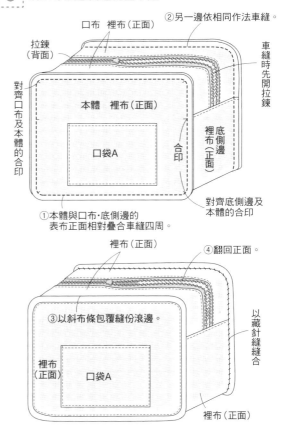

口布　裡布（正面）　②另一邊依相同作法車縫。
拉鍊（背面）　車縫時先開拉鍊
對齊口布及本體的合印
本體　裡布（正面）
口袋A　合印　裡布底側邊（正面）
①本體與口布・底側邊的表布正面相對疊合車縫四周。　對齊底側邊及本體的合印

裡布（正面）　④翻回正面。
③以斜布條包覆縫份滾邊。　以藏針縫縫合
裡布（正面）
口袋A
裡布（正面）

＊斜布條的裁剪及接合方式請參考P.73。

7 製作提把

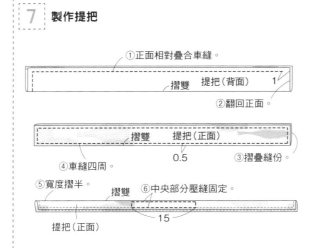

①正面相對疊合車縫。
摺雙　提把（背面）　1
②翻回正面。
摺雙　提把（正面）
0.5
④車縫四周。
③摺疊縫份。
⑤寬度摺半。
摺雙
⑥中央部分壓縫固定。
提把（正面）
15

8 加裝提把，整理收尾

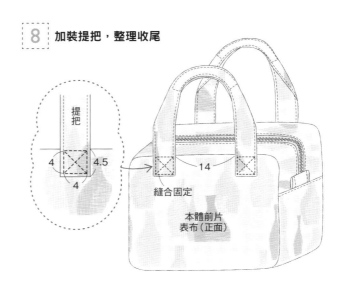

提把
4　4.5
4
14
縫合固定
本體前片
表布（正面）

作品**P.34** · **P.35** │ sommar · vinter

原寸紙型B面。
完成尺寸
（本體部分）長29.5cm・寬32cm・底寬38cm

材料
棉布　印花A…110cm寬　50cm（本體表布）
棉布　印花B…110cm寬　50cm（本體裡布）

作法
參考裁布圖，各以表布及裡布各裁剪兩片本體，
再依圖示縫製包包。

裁布圖
＊本體請參考
　原寸紙型

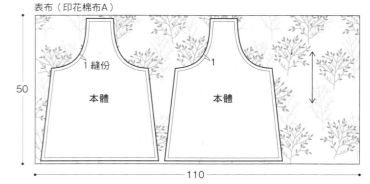

表布（印花棉布A）
50
1 縫份
本體
1
本體
110

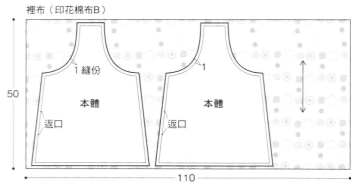

裡布（印花棉布B）
50
1 縫份
本體
1
本體
返口
返口
110

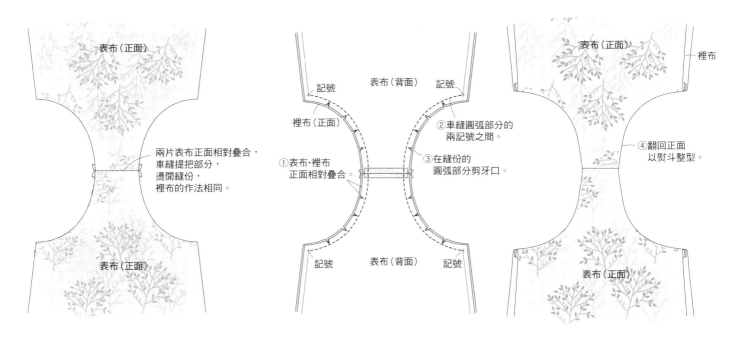

1 縫接提把上部

表布（正面）

表布（正面）

兩片表布正面相對疊合，
車縫提把部分，
燙開縫份，
裡布的作法相同。

2 車縫提把，翻回正面

表布（背面）

記號

記號

裡布（正面）

②車縫圓弧部分的
兩記號之間。

①表布‧裡布
正面相對疊合。

③在縫份的
圓弧部分剪牙口。

記號

表布（背面）

記號

表布（正面）

裡布

④翻回正面
以熨斗整型。

表布（正面）

3 車縫側邊及袋底

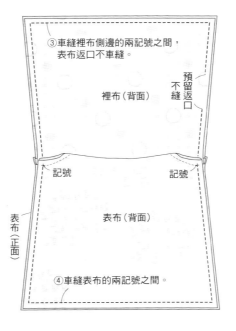

表布（正面）

①裡布正面相對疊合
疏縫側邊與袋底。

記號

記號

記號

裡布（正面）

②表布正面相對疊合，
疏縫側邊與袋底。

③車縫裡布側邊的兩記號之間，
表布返口不車縫。

預留返口不縫

裡布（背面）

表布（正面）

記號

記號

表布（背面）

④車縫表布的兩記號之間。

4 整理收尾

車縫邊緣

表布（正面）

從返口翻回正面再縫合返口，
將裡布套入表布後整型，
圓弧部分車縫邊緣。

作品 **P.24** dill

原寸紙型A面。
完成尺寸
長22.5cm・寬32cm・側邊（袋底）10cm

材料
棉布　印花…110cm寬　65cm
（袋蓋・口袋・側邊表布・口袋扣絆）
棉布　格紋…110cm寬　55cm
（本體・袋蓋・口袋・側邊裡布）
布襯（中厚）…110cm寬　33cm
（本體・袋蓋・側邊）
斜布條…2.5cm寬　170cm
厚布條　黑…4cm寬　140cm（肩繩）
口型環及日型環…各1個

作法
參考裁布圖，以表布及裡布裁剪各配件，再依
圖示縫製包包。

裁布圖
＊本體・口袋・
　袋蓋・側邊
　請參考原寸紙型

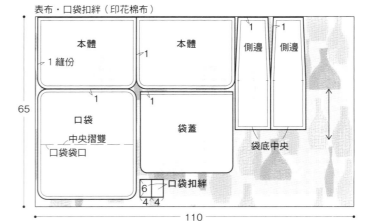

表布・口袋扣絆（印花棉布）

本體　1縫份　本體　1　側邊　側邊　1　1
口袋　中央摺雙　口袋袋口　袋蓋　1　袋底中央
6　口袋扣絆　4　4
65　110

裡布（格紋棉布）

1縫份　側邊　1　袋蓋　1
口袋　中央摺雙　口袋袋口　本體　1　本體　1
55　110

＊本體・袋蓋・側邊黏貼中厚布襯。

---

1 在裡布黏貼布襯

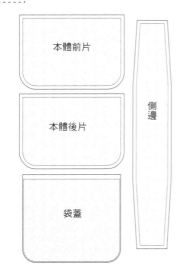

本體前片
本體後片
側邊
袋蓋

以熨斗將中厚布襯
燙貼至本體・袋蓋・側邊的背面

2 製作口袋並縫至本體

①由口袋袋口背面相對摺兩褶，車縫邊緣。

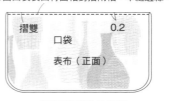

摺雙　0.2　口袋　表布（正面）

＊裡布的口袋作法相同

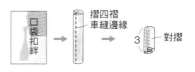

口袋扣絆　摺四褶車縫邊緣　3　對摺

②製作兩個扣絆。

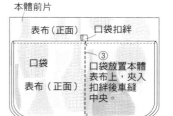

本體前片
表布（正面）　口袋扣絆
口袋　表布（正面）
③口袋放置本體表布上，夾入扣絆後車縫中央。

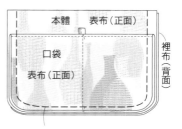

本體　表布（正面）　裡布（背面）
口袋　表布（正面）

④與本體前側的裡布背面相對疊合，疏縫四周。

⑤本體裡布的後側作法相同，縫上口袋及口袋扣絆。

3 側邊縫至本體

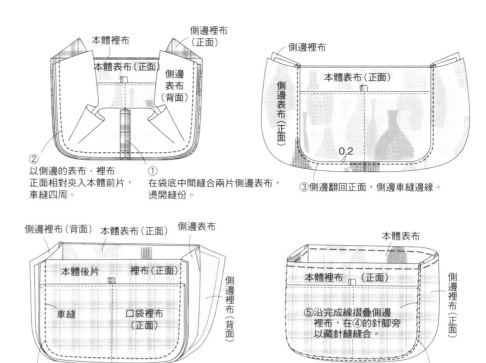

側邊裡布（背面）　本體表布（正面）　側邊表布

本體裡布

側邊裡布（正面）

本體表布（正面）

側邊表布（背面）

②以側邊的表布・裡布正面相對夾入本體前片，車縫四周。

①在袋底中間縫合兩片側邊表布，燙開縫份。

側邊裡布

本體表布（正面）

側邊表布（正面）

0.2

③側邊翻回正面，側邊車縫邊緣。

本體後片　裡布（正面）

車縫　口袋裡布（正面）

側邊裡布（背面）

④側邊表布與本體後片正面相對，車縫四周。

本體表布

本體裡布　（正面）

側邊裡布（正面）

⑤沿完成線摺疊側邊裡布，在④的針腳旁以藏針縫縫合。

⑥表布側車縫一道邊緣線。

4 袋蓋四周及本體袋口包邊

①袋蓋的表布・裡布背面相對疊合。

②夾入斜布條車縫邊緣。

表布（正面）

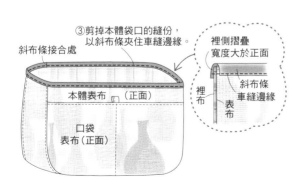

斜布條接合處

③剪掉本體袋口的縫份，以斜布條夾住車縫邊緣。

本體表布　（正面）

口袋表布（正面）

裡側摺疊寬度大於正面

裡布

斜布條車縫邊緣

表布

5 袋蓋縫至本體後片，組裝肩帶並整理收尾

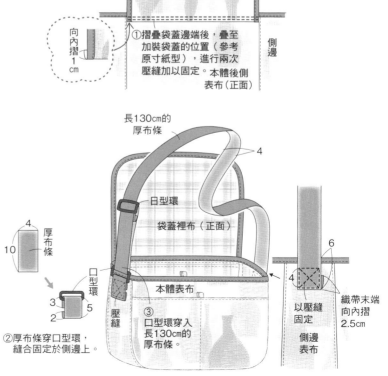

袋蓋表布（正面）

向內摺1cm

側邊

①摺疊袋蓋邊端後，疊至加裝袋蓋的位置（參考原寸紙型），進行兩次壓縫加以固定。本體後側表布（正面）

長130cm的厚布條

4

日型環

袋蓋裡布（正面）

4

厚布條

10

口型環

壓縫

3
2　5

②厚布條穿入口型環，縫合固定於側邊上。

本體表布

③口型環穿入長130cm的厚布條。

6

4

以壓縫固定

側邊表布

織帶末端向內摺2.5cm

原寸紙型B面。

完成尺寸
長（前中央）32cm・底中央寬17cm
底側邊16cm

材料
棉布　印花A…110cm寬　35cm（本體・側邊）
棉布　印花B…30cm×90cm
（袋底・提把・裝飾A, B, C）
布襯（薄）…20cm×15cm

作法
參考裁布圖裁布，再依圖示縫製包包。

裁布圖
＊表布是植物的圖案，請對好包包的方向和圖案的方向後裁剪
＊裡布的各裝飾布與底邊縱向裁剪

表布（印花棉布A）

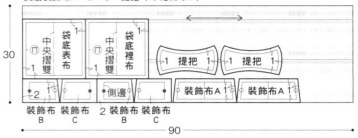

袋底裝飾布A・B・C・提把（印花棉布B）

＊依照紙型裁剪兩片提把用的薄布襯

1 **裝飾布及袋底縫至本體**

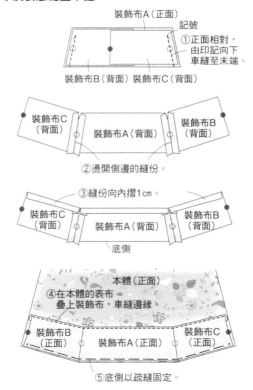

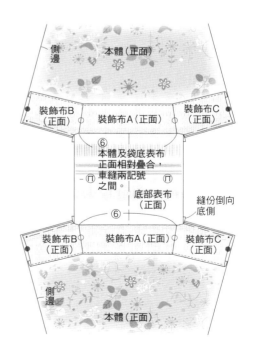

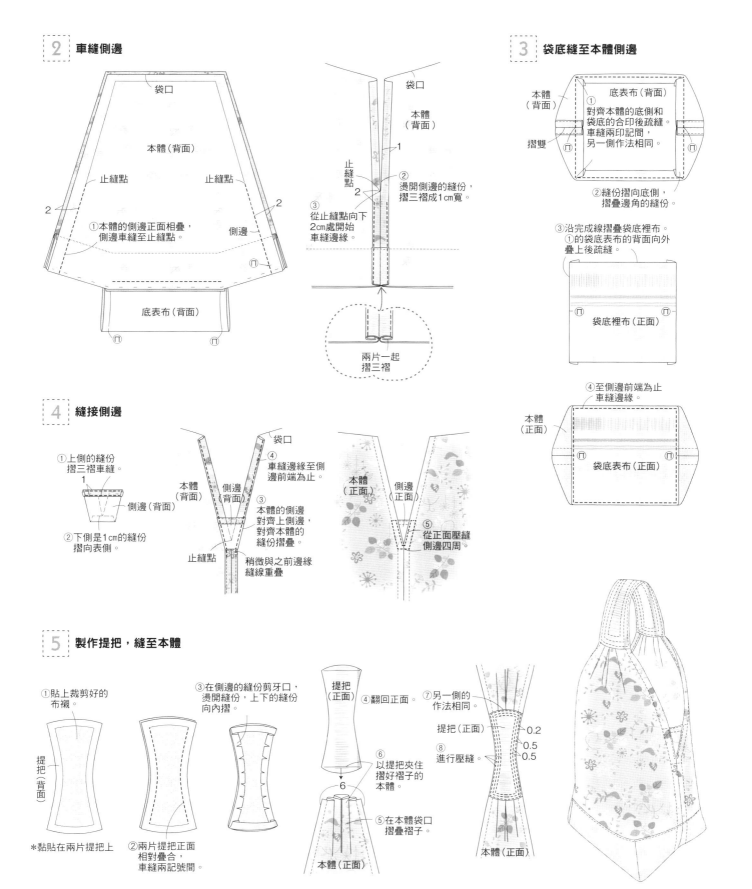

2 車縫側邊

袋口

本體（背面）

止縫點　　　　　止縫點

2　　　　　　　　　　2

側邊

①本體的側邊正面相疊，
側邊車縫至止縫點。

底表布（背面）

袋口

本體（背面）

1

止縫點

②燙開側邊的縫份，
摺三褶成1㎝寬。

③從止縫點向下
2㎝處開始
車縫邊緣。

兩片一起
摺三褶

3 袋底縫至本體側邊

本體（背面）

摺雙

底表布（背面）
①對齊本體的底側和
袋底的合印後疏縫。
車縫兩印記間，
另一側作法相同。

②縫份摺向底側，
摺疊邊角的縫份。

③沿完成線摺疊袋底裡布。
①的袋底表布的背面向外
疊上後疏縫。

袋底裡布（正面）

本體（正面）

④至側邊前端為止
車縫邊緣。

袋底表布（正面）

4 縫接側邊

①上側的縫份
摺三褶車縫。

1

側邊（背面）

②下側是1㎝的縫份
摺向表側。

本體（背面）

側邊（背面）

袋口

④車縫邊緣至側
邊前端為止。

③本體的側邊
對齊上側邊，
對齊本體的
縫份摺疊。

止縫點

稍微與之前邊緣
縫線重疊

本體（正面）

側邊正面

⑤從正面壓縫
側邊四周。

5 製作提把，縫至本體

①貼上裁剪好的
布襯。

提把（背面）

*黏貼在兩片提把上

②兩片提把正面
相對疊合，
車縫兩記號間。

③在側邊的縫份剪牙口，
燙開縫份，上下的縫份
向內摺。

提把（正面）

④翻回正面。

⑥以提把夾住
摺好褶子的
本體。

6

⑤在本體袋口
摺疊褶子。

本體（正面）

⑦另一側的
作法相同。

提把（正面）　0.2
　　　　　　0.5
⑧進行壓縫。　0.5

本體（正面）

原寸紙型A面。

完成尺寸
長22cm‧寬約32cm‧底寬9cm

材料
棉布 印花A⋯110cm寬 60cm（本體表布‧
外口袋‧口布表布‧側邊表布‧拉鍊裝飾布）
棉布 印花B⋯110cm寬 65cm
（本體裡布‧內口袋‧口布裡布‧側邊裡布‧
包覆縫份的斜布條）
布襯（薄）⋯60cm×90cm
肩帶⋯3.5cm寬150cm 1條
拉鍊 灰色⋯長41cm 1條

作法
參考裁布圖裁剪各配件，再依圖示縫製包包。

裁布圖 ＊本體‧外口袋‧內口袋‧口布‧側邊，請參考原寸紙型

表布‧拉鍊裝飾布（印花棉布A）

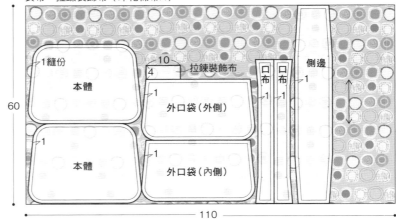

＊只在一片外口袋的內側黏貼薄布襯

裡布‧包覆縫份的斜布條（印花棉布B）

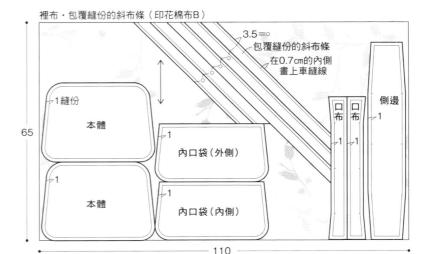

＊本體‧口布‧側邊‧一片內口袋內側黏貼薄布襯
＊斜布條的裁剪及接縫請參考P.73

1 黏貼薄布襯

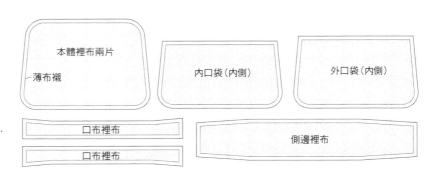

※依照紙型裁剪薄布襯，以熨斗黏貼至本體‧
口布‧側邊裡布‧內口袋內側‧外口袋
內側的背面。

② 將內口袋及外口袋縫至本體

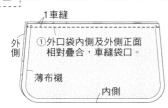

①外口袋內側及外側正面相對疊合，車縫袋口。

1車縫
外側
薄布襯
內側

②翻回正面，車縫邊緣。
內側
外側（正面）

本體表布前側（正面）

內口袋
外側

③外口袋的外側向上疊在本體表布的表側，車縫中間固定。

本體裡布後側（正面）

④以相同作法車縫內口袋。

內口袋前側

⑤內口袋與本體裡布的後側重疊，車縫中間固定。

③ 在口布加裝拉鍊

口布裡布
口布表布（背面）
拉鍊（正面）   1車縫

①口布的表布及裡布正面相對，中間夾入拉鍊後車縫。

表布（正面）車縫邊緣
裡布

②表布及裡布翻回正面，車縫邊緣。

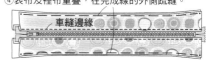

車縫邊緣

④表布及裡布重疊，在完成線的外側疏縫。

③拉鍊的另一側也依相同作法縫至表布及裡布上。

④ 縫合口布及側邊

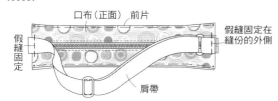

口布（正面）　前片
假縫固定
假縫固定在縫份的外側
肩帶

①將肩帶假縫固定在口布的兩側邊。

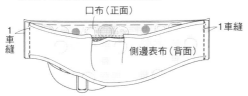

口布（正面）
1車縫
1車縫
側邊表布（背面）

②側邊表布與①的口布正面相對重疊，車縫兩側邊。

側邊表布（正面）
口布裡布
車縫
車縫
裡布（背面）
側邊

③側邊裡布與②的口布裡布側正面相對，在②的針腳上車縫。

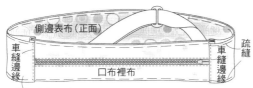

側邊表布（正面）
車縫邊緣
口布裡布
車縫邊緣
疏縫
側邊裡布（正面）

④側邊裡布翻回正面，車縫邊緣，側邊表布與裡布重疊後疏縫。

⑤ 在本體縫合④的口布及側邊

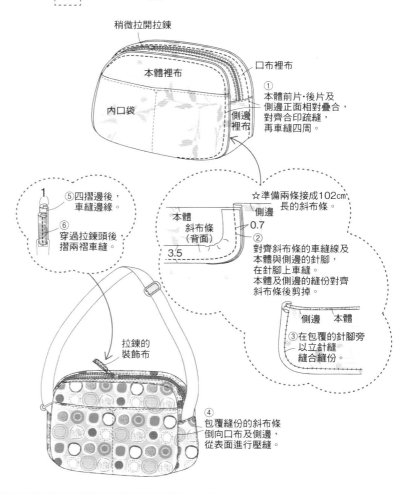

稍微拉開拉鍊
本體裡布
口布裡布
內口袋
側邊裡布

①本體前片・後片及側邊正面相對疊合，對齊合印疏縫，再車縫四周。

1
⑤四摺邊後，車縫邊緣。
⑥穿過拉鍊頭後摺兩摺車縫。

☆準備兩條接成102cm長的斜布條。

本體
斜布條（背面）
側邊
0.7
3.5

②對齊斜布條的車縫線及本體與側邊的針腳，在針腳上車縫。本體及側邊的縫份對齊斜布條後剪掉。

側邊　本體

③在包覆的針腳旁以立針縫縫合縫份。

拉鍊的裝飾布

④包覆縫份的斜布條倒向口布及側邊，從表面進行壓縫。

原寸紙型B面。
完成尺寸
長37cm・寬31cm

材料
棉布　印花A…40cm×90cm
（本體表布・側邊表布）
棉布　條紋…55cm×47cm（提把・口布表布）
棉布　印花B…50cm×90cm
（本體裡布・側邊裡布・口布裡布）
布襯（薄）…16cm×31cm（口布用）
布襯（厚）…4cm×52cm（提把用）

作法
參考裁布圖裁布，再依圖示縫製包包。

裁布圖　＊本體請參考原寸紙型

表布（印花棉布A）

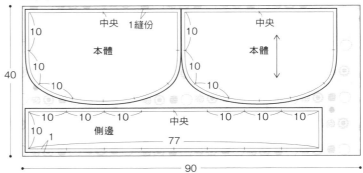

口布表布・提把（條紋棉布）

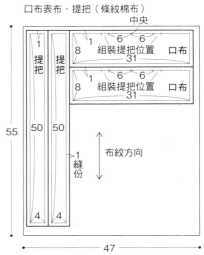

裡布（印花棉布B）

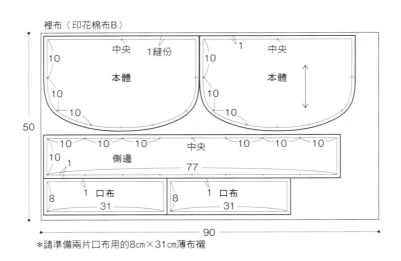

＊請準備兩片口布用的8cm×31cm薄布襯

＊請準備兩片口布用的2cm×52cm厚布襯

---

1 **車縫本體表布及裡布**

①縫合本體表布及側邊
表布，燙開縫份。
本體裡布及側邊裡布
作法相同。

＊縫合本體及側邊時，
先對齊合印以珠針固定，
準備進行車縫

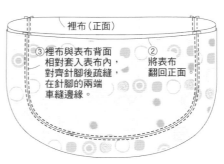

③裡布與表布背面
相對套入表布內，
對齊針腳後疏縫，
在針腳的兩端
車縫邊緣。

②將表布
翻回正面。

2 縫製提把

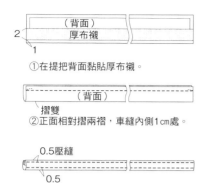

①在提把背面黏貼厚布襯。

②正面相對摺兩褶，車縫內側1cm處。

③翻回正面。壓縫兩端，再作一條相同的提把。

3 提把縫至口布

在口布裡布的背面黏貼厚布襯。

②兩片口布正面相對，
車縫兩側邊成筒狀，
燙開縫份，
口布表布的作法相同。

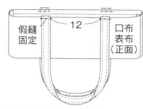

③提把假縫固定在口布表布
完成線的外側。

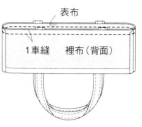

④裡布正面相對疊在③的表布上，
車縫袋口四周。

⑤翻回正面，在袋口四周車縫邊緣。

4 縫合本體與口布

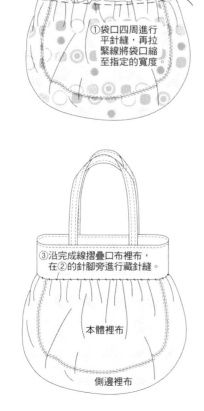

①袋口四周進行平針縫，再拉緊線將袋口縮至指定的寬度。

③沿完成線摺疊口布裡布，在②的針腳旁進行藏針縫。

②口布正面相對疊在①的本體袋口上，車縫口布表布及本體一圈。

口布裡布避開不縫

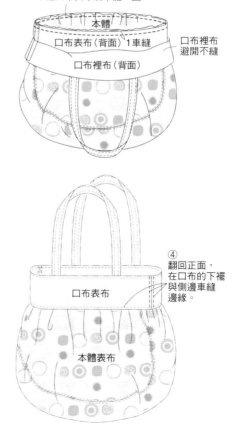

④翻回正面，在口布的下襬與側邊車縫邊緣。

原寸紙型B面。

完成尺寸
長（前中央）30cm・寬約35cm・
側邊（袋底）12cm

材料
棉布　印花A…70cm×110cm
（本體表布・側邊表布）
棉布　印花B…50cm×110cm
（本體裡布・側邊裡布）
棉布　格紋…50cm×20cm（提把）
布襯（中厚）…50cm×20cm
塑膠磁釦…直徑1.5cm　1組

作法
參考裁布圖裁布，再依圖示縫製包包。

裁布圖
＊本體請參考原寸紙型

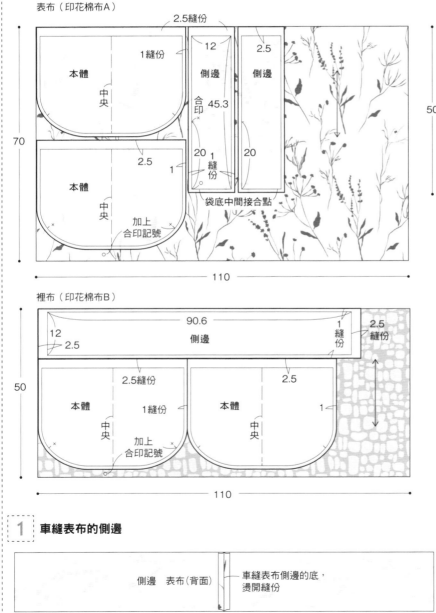

表布（印花棉布A）

裡布（印花棉布B）

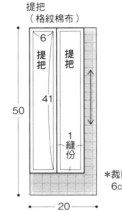

提把
（格紋棉布）

＊裁剪兩片提把用的
6cm×41cm中厚布襯

---

1 **車縫表布的側邊**

側邊　表布（背面）

車縫表布側邊的底，
燙開縫份

---

2 **縫合本體與側邊**

裡布（正面）

本體
表布（正面）

①本體的表布・裡布背面相對疊合，疏縫四周，
相同的再作一片。

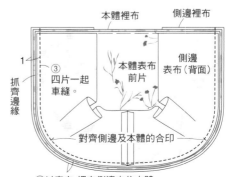

本體裡布　　側邊裡布

③
四片一起
車縫。

抓齊邊緣

本體表布
前片

側邊
表布（背面）

1

對齊側邊及本體的合印

②以表布・裡布側邊夾住本體。

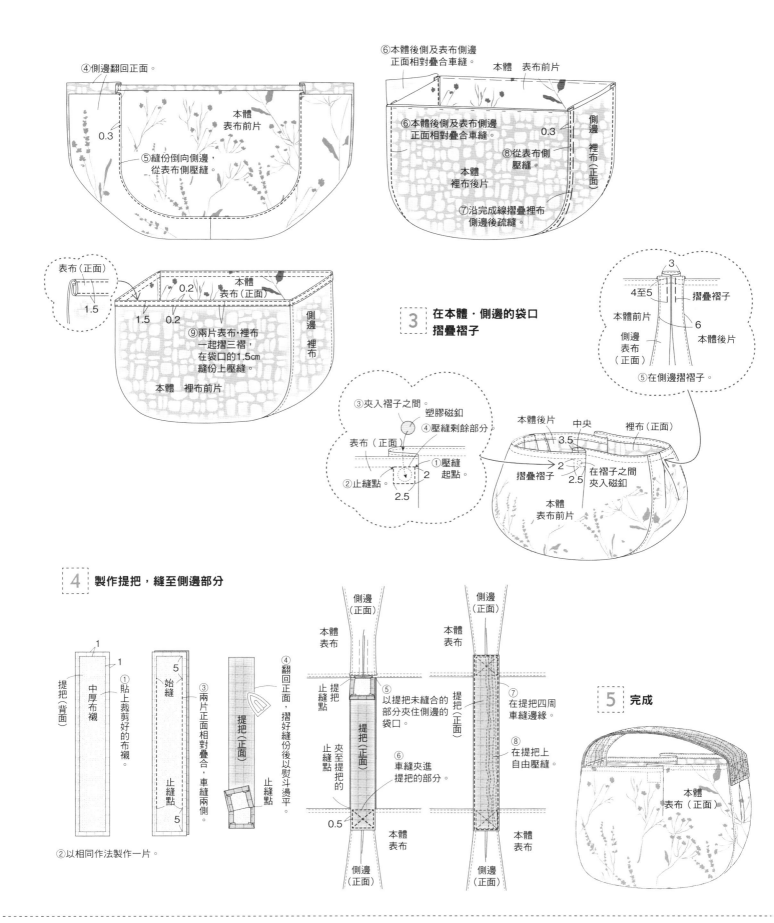

④側邊翻回正面。

本體
表布前片

0.3

⑤縫份倒向側邊，
從表布側壓縫。

⑥本體後側及表布側邊
正面相對疊合車縫。

本體　表布前片

⑥本體後側及表布側邊
正面相對疊合車縫。

0.3

側邊
裡布
（正面）

⑧從表布側
壓縫。

本體
裡布後片

⑦沿完成線摺疊裡布
側邊後疏縫。

表布（正面）

1.5

本體
表布（正面）

0.2

本體
表布（正面）

0.2

1.5　0.2

⑨兩片表布‧裡布
一起摺三褶，
在袋口的1.5cm
縫份上壓縫。

本體　裡布前片

側邊
裡布

3
4至5
摺疊褶子

本體前片

側邊
表布
（正面）

6
本體後片

⑤在側邊摺褶子。

| 3 | 在本體‧側邊的袋口
摺疊褶子 |

③夾入褶子之間。
塑膠磁釦
④壓縫剩餘部分

表布（正面）

①壓縫
起點

②止縫點

2
2.5

本體後片　中央　裡布（正面）

3.5

摺疊褶子　2

2.5
在褶子之間
夾入磁釦

本體
表布前片

| 4 | 製作提把，縫至側邊部分 |

1

提把（背面）

中厚布襯

①貼上裁剪好的布襯。

5
始縫

5
止縫點

③兩片正面相對疊合，
車縫兩側。

提把（正面）

④翻回正面，
摺好縫份後以熨斗燙平。

止縫點

側邊（正面）

本體
表布

止縫點

提把

⑤以提把未縫合的
部分夾住側邊的
袋口。

夾至提把的
止縫點

提把（正面）

⑥車縫夾進
提把的部分。

0.5

本體
表布

側邊（正面）

側邊（正面）

本體
表布

提把（正面）

⑦在提把四周
車縫邊緣。

⑧在提把上
自由壓縫。

本體
表布

側邊（正面）

②以相同作法製作一片。

| 5 | 完成 |

本體
表布（正面）

原寸紙型B面。

完成尺寸

長（前中央）33cm・寬約32cm

側邊（袋底）11cm

材料

棉布　印花A…110cm寬　45cm

（本體表布・側邊表布）

棉布　印花B…110cm寬　65cm

（本體裡布・側邊裡布・口袋）

提把織帶…2cm寬　長96cm　2條

作法

參考裁布圖，裁剪表布及裡布各配件，再依圖示縫製包包。

裁布圖　　＊本體・側邊・口袋請參考原寸紙型

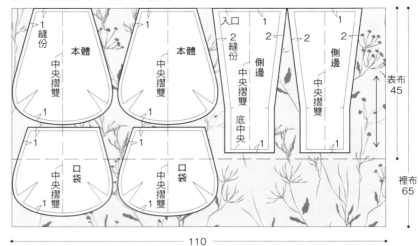

表布（印花棉布A）　　裡布（印花棉布B）

---

1 | **車縫本體・口袋袋口、在裡布側作記號**

①本體表布及裡布正面相對疊合，車縫袋口

②翻回正面進行壓縫。

③在裡布側畫上完成線。

④兩片對齊後疏縫，當成本體前片。

＊另一片的本體（後片）作法相同

⑤口袋的作法與本體相同。

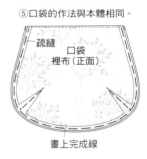

畫上完成線

---

2 | **車縫本體・口袋褶子**

本體前片

裡布（正面）

①本體的褶子兩片一起車縫。

②倒向內側。

口袋

裡布（正面）

④倒向外側。

③車縫口袋的褶子。

＊後片作法相同

---

3 | **加裝口袋**

本體前片

8　裡布（正面）

口袋裡布（正面）

口袋疊在本體前片的裡布側，四片一起車縫

---

4 車縫側邊

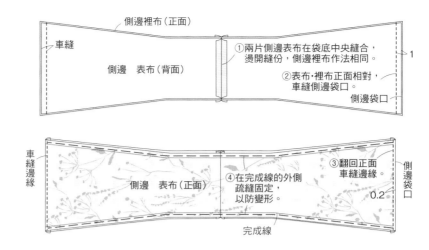

側邊裡布（正面）

車縫

側邊　表布（背面）

①兩片側邊表布在袋底中央縫合，燙開縫份，側邊裡布作法相同。

②表布‧裡布正面相對，車縫側邊袋口。

側邊袋口

1

車縫邊緣

側邊　表布（正面）

③翻回正面車縫邊緣。

④在完成線的外側疏縫固定，以防變形。

側邊袋口

0.2

完成線

5 以本體及側邊夾入提把織帶

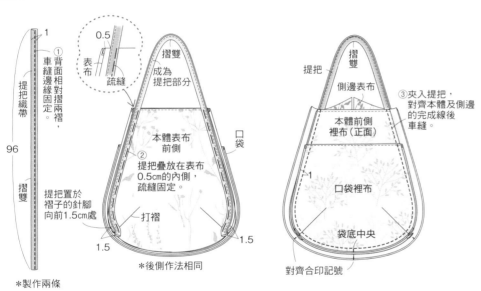

1

0.5

表布　疏縫

提把織帶

96

摺雙

①背面相對摺兩褶，車縫邊緣固定。

提把置於褶子的針腳向前1.5cm處

*製作兩條

摺雙　成為提把部分

本體表布前側

②提把疊放在表布0.5cm的內側，疏縫固定。

口袋

打褶

1.5　1.5

*後側作法相同

摺雙　提把

側邊表布

本體前側裡布（正面）

1

口袋裡布

袋底中央

對齊合印記號

③夾入提把，對齊本體及側邊的完成線後車縫。

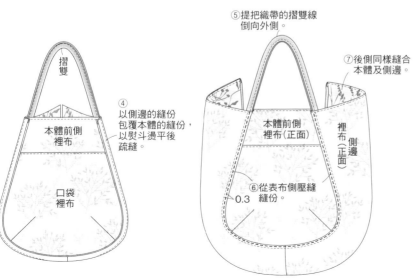

摺雙

本體前側裡布

口袋裡布

④以側邊的縫份包覆本體的縫份，以熨斗燙平後疏縫。

⑤提把織帶的摺雙線倒向外側。

⑦後側同樣縫合本體及側邊。

本體前側裡布（正面）

裡布（正面）側邊

⑥從表布側壓縫縫份。

0.3

6 完成

提把

裡布

本體前側表布（正面）

側邊

0.3

壓縫

原寸紙型B面。

完成尺寸

長約27cm・寬約34cm（「körsbär」）

材料（körsbär）

棉布　橫紋…52cm×80cm

（本體A・B的表布）

棉布　印花B…110cm寬　52cm

（本體A・B的裡布、斜紋布條）

作法

參考裁布圖裁布，再依圖示縫製包包。

P.37「tomte」只差在本體A・B的提把等長

（參考原寸紙型），其餘作法同körsbär。

裁布圖

＊本體A・B
請參考原寸紙型

表布（橫布紋棉布）

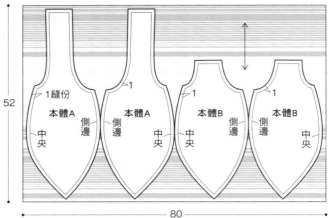

52

80

裡布・斜布條（格紋棉布）

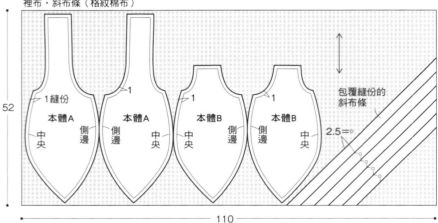

52

包覆縫份的
斜布條

2.5＝○

110

＊在斜布條0.7cm處畫記號線

---

1 **縫製本體**

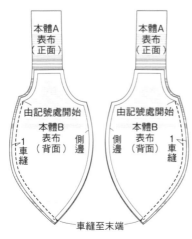

①表布的本體A及本體B正面疊合，
由記號處向下車縫中央側至末端，
表布的本體A及B作法相同。

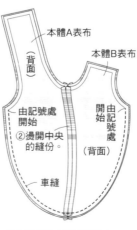

③兩片①的本體正面疊合，
車縫側邊的兩記號間。
燙開縫份，
裡布作法相同。

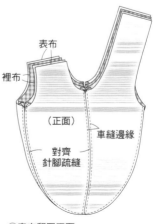

④表布翻回正面。
裡布與表布背面相對套入表布內，
對齊針腳後疏縫，
針腳的兩端由正面車縫邊緣。

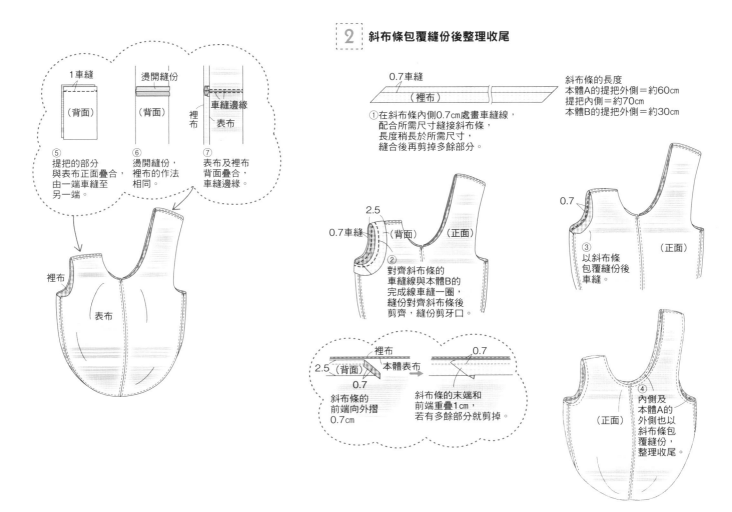

2 斜布條包覆縫份後整理收尾

⑤ 提把的部分與表布正面疊合，由一端車縫至另一端。
1 車縫
（背面）

⑥ 燙開縫份，裡布的作法相同。
燙開縫份
（背面）

⑦ 表布及裡布背面疊合，車縫邊緣。
裡布
表布
車縫邊緣

裡布
表布

0.7車縫
（裡布）

① 在斜布條內側0.7cm處畫車縫線，配合所需尺寸縫接斜布條，長度稍長於所需尺寸，縫合後再剪掉多餘部分。

斜布條的長度
本體A的提把外側＝約60cm
提把內側＝約70cm
本體B的提把外側＝約30cm

2.5
0.7車縫
（背面）　（正面）

② 對齊斜布條的車縫線與本體B的完成線車縫一圈，縫份對齊斜布條後剪齊，縫份剪牙口。

0.7
③ 以斜布條包覆縫份後車縫。
（正面）

裡布
2.5（背面）
0.7
本體表布→
斜布條的前端向外摺0.7cm

0.7
斜布條的末端和前端重疊1cm，若有多餘部分就剪掉。

④ 內側及本體A的外側也以斜布條包覆縫份，整理收尾。
（正面）

斜布條的裁法

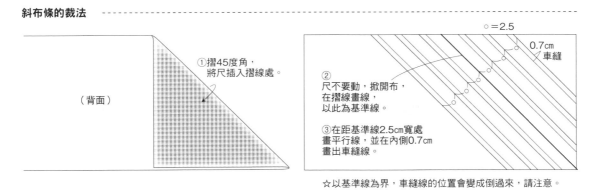

（背面）

① 摺45度角，將尺插入摺線處。

○＝2.5
0.7cm車縫

② 尺不要動，掀開布，在摺線畫線，以此為基準線。

③ 在距基準線2.5cm寬處畫平行線，並在內側0.7cm畫出車縫線。

☆以基準線為界，車縫線的位置會變成倒過來，請注意。

斜布條的縫接方式

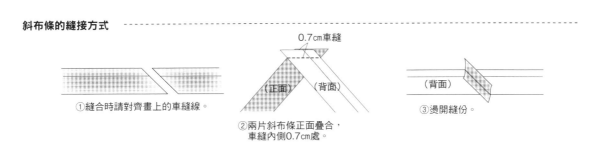

① 縫合時請對齊畫上的車縫線。

0.7cm車縫
（正面）　（背面）

② 兩片斜布條正面疊合，車縫內側0.7cm處。

（背面）
③ 燙開縫份。

完成尺寸

長38cm・寬38cm・底寬7cm

材料

棉布　印花A…110cm寬　42cm（本體表布）
棉布　印花B…110cm寬　45cm
（本體裡布・內口袋）
棉布　印花C…110cm寬　15cm（提把）
布襯（中厚）…40cm×80cm（本體裡布用）
布襯（厚）…15cm×90cm（提把用）

作法

參考裁布圖裁布，本體裡布的背面貼上中厚布
襯、提把貼上厚布襯，再依圖示縫製包包。

裁布圖　＊考量本體的縱向圖案裁剪表布。

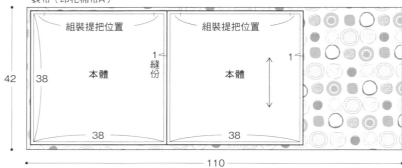

表布（印花棉布A）

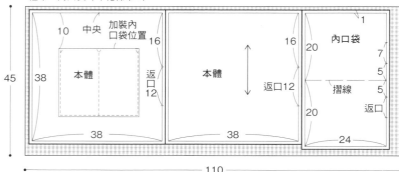

裡布・內口袋（印花棉布B）

＊裁剪兩片40cm×40cm的本體裡布用中厚布襯

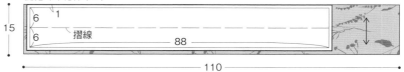

提把（印花棉布C）

＊裁剪一片6cm×90cm的提把用厚布襯

---

1 製作提把

①在提把背面黏貼布襯。

②正面相對摺兩褶，車縫邊緣。

③翻回正面。

---

2 在本體裡布加裝口袋

①內口袋正面重疊，車縫四周。預留7返口不縫

②翻回正面，在袋口車縫邊緣。返口的縫份摺入內側

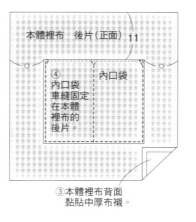

④內口袋車縫固定在本體裡布的後片。

③本體裡布背面黏貼中厚布襯。

---

3 車縫本體成袋狀

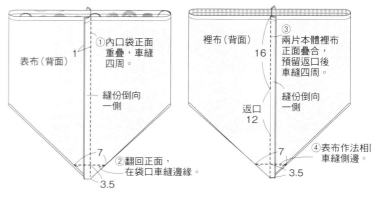

①內口袋正面重疊，車縫四周。縫份倒向一側

②翻回正面，在袋口車縫邊緣。

③兩片本體裡布正面疊合，預留返口後車縫四周。縫份倒向一側

④表布作法相同車縫側邊。

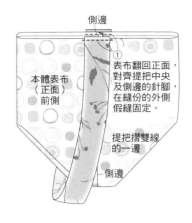
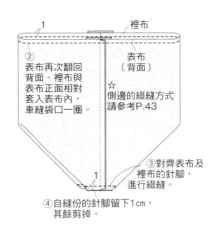
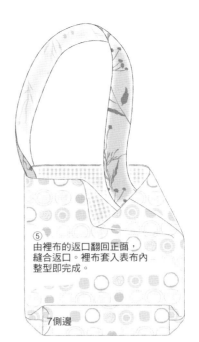

4 加裝提把，整理收尾

側邊

本體表布
（正面）
前側

① 表布翻回正面，
對齊提把中央
及側邊的針腳，
在縫份的外側
假縫固定。

提把摺雙線
的一邊

側邊

1

裡布

② 表布再次翻回
背面。裡布與
表布正面相對
套入表布內，
車縫袋口一圈。

表布
（背面）

☆
側邊的綴縫方式
請參考P.43

③ 對齊表布及
裡布的針腳，
進行綴縫。

1

④ 自縫份的針腳留下1cm，
其餘剪掉。

⑤
由裡布的返口翻回正面，
縫合返口。裡布套入表布內
整型即完成。

7側邊

作品**P.29** kaffe

本體請參考原寸紙型A面。

完成尺寸
寬30cm・長約38cm

材料
棉布　印花A…110cm寬　43cm（本體表布）
棉布　印花B…110cm寬　45cm
（本體裡布・內口袋・斜布條・扣絆）
麻布織帶　茶色…2.5cm寬　100cm

作法
參考裁布圖裁布，再依圖示縫製包包。

裁布圖　＊本體部分請參考原寸紙型

表布（印花棉布A）

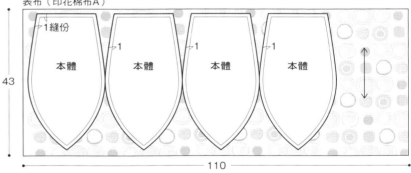

1縫份

本體　本體　本體　本體

43

110

裡布・內口袋・滾邊布・扣絆（印花棉布B）

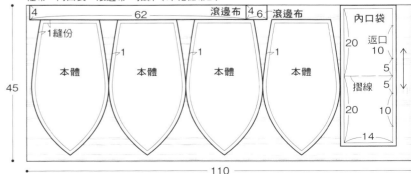

4　62　滾邊布　4 6　滾邊布

1縫份

本體　本體　本體　本體

45

內口袋

20　返口　10

5

摺線　5

20　10

14

110

1 車縫本體、製作袋身

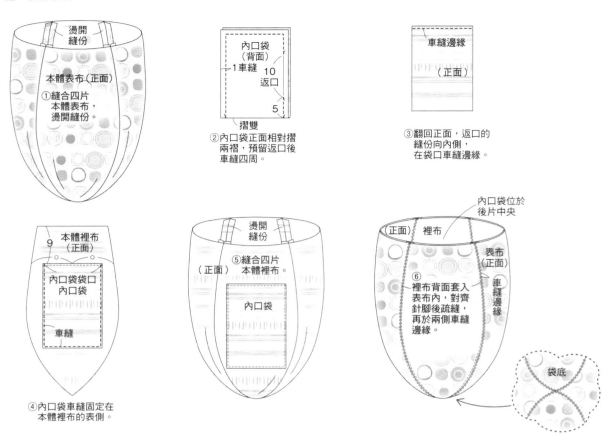

燙開縫份

本體表布（正面）

①縫合四片本體表布，燙開縫份。

內口袋（背面）

1車縫　10　返口

5

摺雙

②內口袋正面相對摺兩褶，預留返口後車縫四周。

車縫邊緣

（正面）

③翻回正面，返口的縫份向內側，在袋口車縫邊緣。

本體裡布（正面）

9

內口袋袋口　內口袋

車縫

④內口袋車縫固定在本體裡布的表側。

燙開縫份

（正面）⑤縫合四片本體裡布。

內口袋

內口袋位於後片中央

（正面）裡布

表布（正面）

⑥裡布背面套入表布內，對齊針腳後疏縫，再於兩側車縫邊緣。

車縫邊緣

袋底

2 組裝提把，袋口滾邊

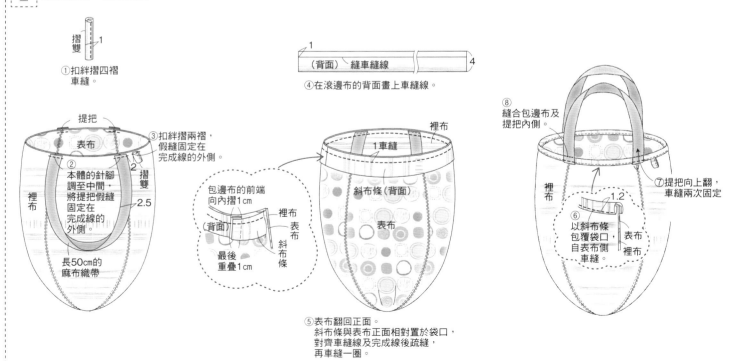

摺雙　1

①扣絆摺四褶車縫。

1

（背面）　縫車縫線　4

④在滾邊布的背面畫上車縫線。

提把

表布

②本體的針腳調至中間，將提把假縫固定在完成線的外側。

③扣絆摺兩褶，假縫固定在完成線的外側。

摺雙

2.5

2

裡布

長50cm的麻布織帶

包邊布的前端向內摺1cm

（背面）

裡布

表布

斜布條

最後重疊1cm

裡布

1車縫

斜布條（背面）

表布

⑤表布翻回正面。斜布條與表布正面相對置於袋口，對齊車縫線及完成線後疏縫，再車縫一圈。

⑧縫合包邊布及提把內側。

裡布

1.2

⑥以斜布條包覆袋口自表布側車縫。

表布

裡布

⑦提把向上翻，車縫兩次固定

完成尺寸

手提袋　長40cm・寬40cm・側邊寬8cm

小袋　長12cm・寬11cm

材料

尼龍布　印花…110cm寬　65cm（本體・提把・
　小袋本體・吊耳布a,b・胸花用）

D型環…內徑1cm　1個

鋅鉤…1個

釦子…直徑2.5cm　1個

作法

尼龍布的裁剪方式同棉布。

參考裁布圖裁布，再依圖示縫製包包。

裁布圖

裁剪3片
胸花用圖案

2.5
小袋　袋底
11 本體
3　　12　　12
2.5
16

0.7　0.7
0.7

8　吊耳布
4　吊耳布
4　　29

提把　提把

65

2.5　縫份

45　中央　14　組裝提把　本體　側邊　組裝提把　14　中央
位置　　　　　　　位置

56

5　2.5
40　　　8　　　40　　5

98
110

6　6

1　車縫本體，製作袋身

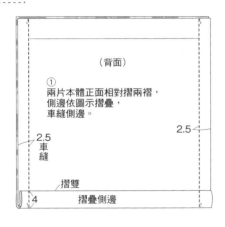

（背面）

① 兩片本體正面相對摺兩褶，
側邊依圖示摺疊，
車縫側邊。

2.5
車縫

2.5

摺雙

4　摺疊側邊

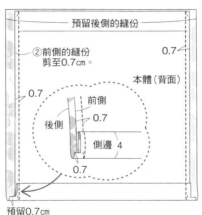

預留後側的縫份

② 前側的縫份
剪至0.7cm。

0.7

0.7

本體（背面）

前側
0.7
後側
側邊　4
0.7

預留0.7cm

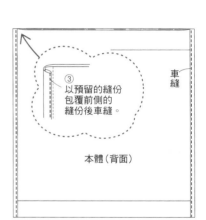

③
以預留的縫份
包覆前側的
縫份後車縫。

車縫

本體（背面）

2　製作提把，縫合固定於袋口

0.7
（背面）
摺雙

正面相對摺兩褶，
以0.7cm的縫份車縫

（正面）
車縫邊緣

翻回正面車縫邊緣

① 製作提把。

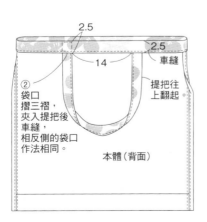

2.5
2.5

14

車縫

提把往
上翻起

②
袋口
摺三褶，
夾入提把後
車縫，
相反側的袋口
作法相同。

本體（背面）

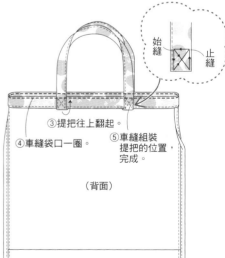

始縫　止縫

③ 提把往上翻起。

④ 車縫袋口一圈。

⑤ 車縫組裝
提把的位置，
完成。

（背面）

3　製作小袋與胸花

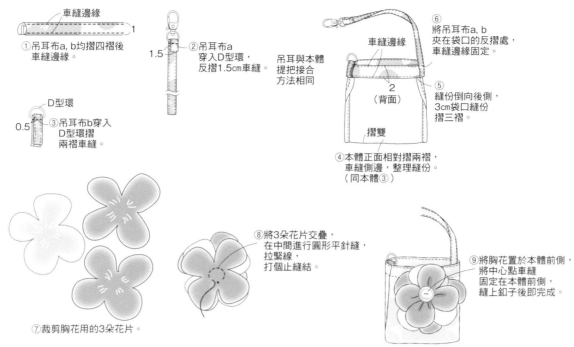

①吊耳布a, b均摺四褶後車縫邊緣。

②吊耳布a穿入D型環，反摺1.5cm車縫。

D型環

③吊耳布b穿入D型環摺兩褶車縫。

吊耳與本體提把接合方法相同

⑥將吊耳布a, b夾在袋口的反摺處，車縫邊緣固定。

⑤縫份倒向後側，3cm袋口縫份摺三褶。

④本體正面相對摺兩褶，車縫側邊，整理縫份。（同本體③）

⑦裁剪胸花用的3朵花片。

⑧將3朵花片交疊，在中間進行圓形平針縫，拉緊線，打個止縫結。

⑨將胸花置於本體前側，將中心點車縫固定在本體前側，縫上釦子後即完成。

作品P.38　**bellis**

原寸紙型B面。

完成尺寸
長21cm・寬31cm・袋底　直徑約19.5cm

材料
尼龍布　印花…110cm寬　35cm
（本體・口布・表底・裡底・繩帶飾布）
麻布織帶　米色…2cm寬　50cm
繩帶　米色…1cm寬　100cm

作法
尼龍布的裁剪方式同棉布。
參考裁布圖裁布，再依圖示縫製包包。

裁布圖

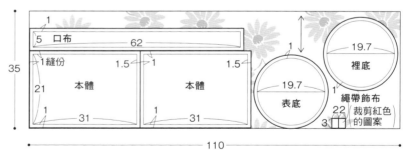

1　縫製本體

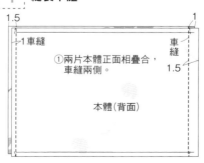

①兩片本體正面相疊合，車縫兩側。

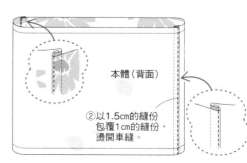

②以1.5cm的縫份包覆1cm的縫份，燙開車縫。

本體（背面）

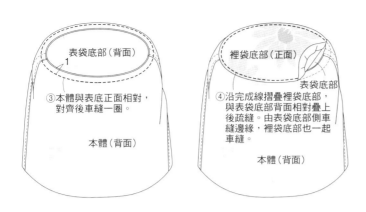

③本體與表底正面相對，對齊後車縫一圈。

表袋底部（背面） 1

本體（背面）

裡袋底部（正面）

表袋底部

④沿完成線摺疊裡袋底部，與表袋底部背面相對疊上後疏縫。由表袋底部側車縫邊緣，裡袋底部也一起車縫。

本體（背面）

---

2 縫上口布

反摺至裡側

摺雙

口布（背面）

1縫份

1

1

0.5

預留開口

與表側縫合的一邊

①口布正面相對摺兩褶，車縫側邊成筒狀。

②將針腳移至中間、燙開縫份。

1

繩帶穿入口

口布的針腳對齊本體前中央

1車縫

口布（背面）

③口布疊在本體的袋口上，在向內側1cm處車縫一圈。

本體（正面）

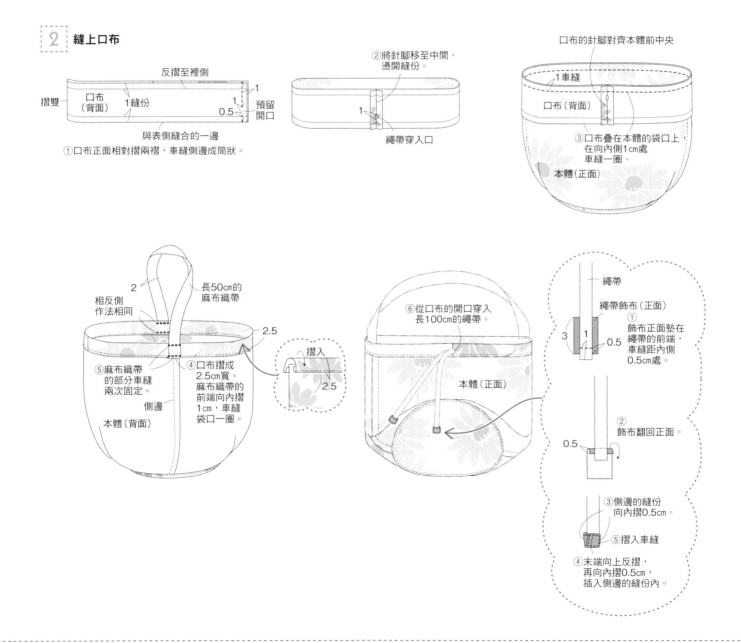

2

長50cm的麻布織帶

相反側作法相同

⑤麻布織帶的部分車縫兩次固定。

側邊

本體（背面）

④口布摺成2.5cm寬。麻布織帶的前端向內摺1cm，車縫袋口一圈。

2.5

摺入

2.5

⑥從口布的開口穿入長100cm的繩帶。

本體（正面）

繩帶

繩帶飾布（正面）

3 1 0.5

①飾布正面墊在繩帶的前端，車縫距內側0.5cm處。

②飾布翻回正面。

0.5

③側邊的縫份向內摺0.5cm。

⑤摺入車縫

④末端向上反摺，再向內摺0.5cm，插入側邊的縫份內。

PATCHWORK 拼布美學 15

斉藤謠子の北歐風拼布包
簡單時尚 × 雜貨風人氣手作布包 Type.25

作　　　者／斉藤謠子
譯　　　者／瞿中蓮
發　行　人／詹慶和
總　編　輯／蔡麗玲
執　行　編　輯／黃璟安
編　　　輯／林昱彤‧蔡毓玲‧詹凱雲‧劉蕙寧‧陳姿伶
封　面　設　計／李盈儀
美　術　編　輯／陳麗娜‧周盈汝
內　頁　排　版／造極
出　　版　　者／雅書堂文化事業有限公司
發　　行　　者／雅書堂文化事業有限公司
郵政劃撥帳號／18225950
戶　　　名／雅書堂文化事業有限公司
地　　　址／新北市板橋區板新路 206 號 3 樓
電　　　話／(02)8952-4078
傳　　　真／(02)8952-4084
網　　　址／www.elegantbooks.com.tw
電　子　信　箱／elegant.books@msa.hinet.net

SAITO YOKO NO FUDAN ZUKAI NO NUNO-BAG
Copyright © NHK Publishing,Inc.,2013
All rights reserved.
Original Japanese edition published by NHK Publishing, Inc.
This Traditional Chinese edition is published by arrangement with
NHK Publishing, Inc., Tokyo in care of Tuttle-Mori Agency, Inc., Tokyo
through Keio Cultural Enterprise Co., Ltd., New Taipei City, Taiwan.

總經銷／朝日文化事業有限公司
進退貨地址／新北市中和區橋安街 15 巷 1 號 7 樓
電話／（02）2249-7714
傳真／（02）2249-8715
星馬地區總代理：諾文文化事業私人有限公司
新加坡／Novum Organum Publishing House (Pte) Ltd.
20 Old Toh Tuck Road, Singapore 597655.
TEL：65-6462-6141　　FAX：65-6469-4043
馬來西亞／Novum Organum Publishing House (M) Sdn. Bhd.
No. 8, Jalan 7/118B, Desa Tun Razak, 56000 Kuala Lumpur, Malaysia
TEL：603-9179-6333　　FAX：603-9179-6060

2013 年 10 月初版一刷　定價 480 元

國家圖書館出版品預行編目資料

斉藤謠子の北歐風拼布包：簡單時尚 x 雜貨風人氣手作布包 Type.25 / 斉藤謠子著；瞿中蓮譯 . -- 初版 . -- 新北市：雅書堂文化，2013.10
面；　公分 . -- (Patchwork 拼布美學；15)
ISBN 978-986-302-132-2(平裝)

1. 拼布藝術 2. 手提袋

426.7　　　　　　　　　102016309

作者簡介

斉藤謠子
拼布作家。因為對美國的古董拼布產生興趣而開啟拼布創作之路，之後將目光移往歐洲及北歐，發展出獨特的配色及設計風格。作品深厚的基礎功力博得好評，歷任拼布教室與通訊講座講師。作品常見於「すてきにハンドメイド」電視節目及雜誌等，海外的作品展出及研習也相當受歡迎，出版著作眾多，著有：《斉藤謠子の拼布　綠色散步》《斉藤謠子の北歐拼布》（以上為 NHK 出版）等。

斉藤謠子キルトスクール＆ショップ
キルトパーティ（株）
http://www.quilt.co.jp
http://shop.quilt.co.jp

STAFF
作品製作團隊　山田数子‧水沢勝美
書籍設計　竹盛若菜
攝影　淺井佳代子（口繪）
　　　下瀨成美（作法）
紙型　小倉真希
編輯協力　奧田千香美‧唐澤紀子
繪圖　tinyeggs studio（大森裕美子）
校正　広地ひろ子
編輯　奧村真紀（NHK 出版）

Sy de enklaste och finaste väskorna själv!

愛上輕亮色彩の拼布

淺米色的格子布料，搭配成串的小花貼布繡，
讓作品整體顯得可愛又俏麗，
袋底特別選用了米色圓點棉麻布，
絲毫不造作的融入了甜美氛圍，
今年夏天就要這樣的透明系拼布。

PATCHWORK 拼布美學 12

斉藤謠子の好生活拼布集
斉藤謠子◎著
平裝／96頁／21×26cm
彩色＋單色／定價380元

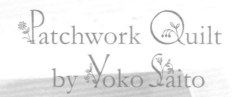

Patchwork Quilt
by Yoko Saito

拼布工藝再現

打造 職人級 手作包

為自己製作日常使用的包包，
當然是自己最了解需求了！
職人風創作要件，
包含了提把、拉鍊處理、內袋設計……
每一項都不能馬虎，
重點是要讓自己使用時，
覺得順手、便利，天天都想帶它出門，
完美打造你最想要的職人級手作包吧！

PATCHWORK 拼布美學 14

斉藤謠子的拼布：
專屬。我の職人風手提包
——量身訂製 24 款超實用布作
斉藤謠子◎著
平裝／ 104 頁／ 19×26cm
定價：480 元